高职高专"十二五"规划教材

GAODENGSHUXUE

ZHUANYEXUANYONGMOKUAI

高等数学

（专业选用模块）

主　编　刘　颖　刘汝臣

副主编　朱如红

参　编　丛政义　勾丽杰　邱翠萍

　　　　刘　枫　由丽丽　于丽妮

　　　　窦立国

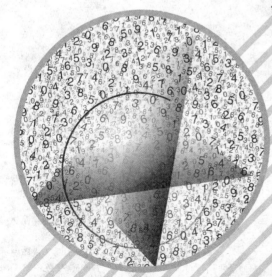

东北师范大学出版社

NORTHEAST NORMAL UNIVERSITY PRESS
WWW.NENUP.COM

长　春

图书在版编目(CIP)数据

高等数学:专业选用模块/刘颖,刘汝臣主编.—
长春:东北师范大学出版社,2011.9
ISBN 978 - 7 - 5602 - 7422 - 5

Ⅰ.①高… Ⅱ.①刘… ②刘… Ⅲ.①高等数学—高
等学校—教材 Ⅳ.①O13

中国版本图书馆 CIP 数据核字(2011)第 196689 号

□责任编辑:张 帆 □封面设计:唐韵设计
□责任校对:赵淑波 □责任印制:张允豪

东北师范大学出版社出版发行
长春净月经济开发区金宝街 118 号(邮政编码:130117)
销售热线:0431—85687213
传真:0431—85691969
网址:http://www.nenup.com
电子函件:sdcbs@mail.jl.cn
新立风格照排中心制版
北京密东印刷有限公司印装
密云县十里堡镇庄禾屯村
2011 年 9 月第 1 版 2011 年 9 月第 1 次印刷
幅面尺寸:185 mm×260 mm 印张:9.25 字数:222 千

定价:24.50 元
如发现印装质量问题,影响阅读,可直接与承印厂联系调换

前　言

本书根据教育部最新制定的《高职高专教育高等数学课程的基本要求》，本着以提高高职高专教育教学质量，培养高素质应用型人才为目标的宗旨，我们在多年教学探索改革的基础上组织编写了本教材。

为适应新形势对高等职业技术应用型人才的新要求，把"教、学、做"融为一体，我们在教学实践中对工学交替、任务驱动、项目导向、顶岗实习等教学模式进行了探索。为使数学课程能在专业中得到实际应用，我们在研究的基础上编写了这本具有高职特色的高等数学系列教材。

《高等数学（专业选用模块）》以案例引入的方式展开知识，用通俗简洁的语言阐明数学概念的内涵和实质，强调数学概念形成实用意义的教学，并把数学中的方法和技能展现给学生，体现了数学的基础性与实用性相结合的高等数学特点；把 MATLAB 的基础知识作为数学实验纳入教材，让学生了解对于较复杂的计算，只要掌握数学概念、思想与计算方法，再学会运用数学软件 MATLAB 的相关命令程序就能轻而易举地得到最终的结果。本书还编入数学建模的基础知识，目的是为了让学生了解实际问题如何转化为数学模型，从而用数学的思想方法去解决实际生活中的问题。还增加了数学小资料环节，将数学教育与素质教育有机结合，让数学素养渗透到每个模块的教学环节中。考虑到每所院校开设数学的课时数有所不同，我们将全书分成了基础通用模块与专业选用模块两个部分，可视情况独立开设。若只开设一个学期的数学课，可只选用基础通用模块，而不会影响课程的完整性；如开设两个学期的数学课，则可使用两册，或根据实际的教学需要进行适当地取舍。专业选用模块包括向量代数与空间解析几何、二元微积分、常微分方程、无穷级数、数学实验及数学建模简介。

《高等数学（专业选用模块）》适用于高职院校工科专业的学生，同时也可作为成人高校的通用教材，或作为有关人员学习高等数学知识的参考书。

参加本书编写的均为辽宁省交通高等专科学校的教师。他们长期工作在高职高专数学教学一线，有着丰富的教学经验。通过多年的教学实践积累与学生实际现状的研究，编写了这部具有新时期特征的教材。

本书由刘颖、刘汝臣任主编，刘颖编写第一、二、五、六章，刘汝臣编写第三章及每章的数学小资料部分，朱如红任副主编，编写第四章。参加编写的还有丛政义、勾丽杰、邱翠萍、刘枫、由丽丽、于丽妮、窦立国。

为了提高编写质量，在本书的编写过程中编者查阅和借鉴了许多优秀的数学教材和数学文献，为此，向各位学界同仁致以崇高的敬意与诚挚的谢意。由于水平所限，加之教学实际中许多问题的改革还在探索中，本书的不当之处在所难免，恳请读者批评指正，以便进一步修改完善。谨此，向支持本书编写和出版的各界同仁表示衷心的感谢。

编　者

2011 年 9 月

目　　录

第一章　微分方程 ……………………………………………………………… 1

第一节　微分方程的基本概念 …………………………………………… 1

第二节　一阶微分方程 …………………………………………………… 4

第三节　二阶常系数齐次线性微分方程 ………………………………… 8

第四节　二阶常系数非齐次线性微分方程 ……………………………… 12

第二章　向量代数与空间解析几何 ……………………………………………… 17

第一节　空间直角坐标系与向量的坐标 ………………………………… 17

第二节　向量的数量积与向量积 ………………………………………… 22

第三节　空间平面与直线的方程 ………………………………………… 27

第四节　曲面方程 ………………………………………………………… 31

第三章　二元函数微积分 ………………………………………………………… 36

第一节　二元函数的极限与连续 ………………………………………… 36

第二节　偏导数与全微分 ………………………………………………… 39

第三节　复合函数和隐函数的求导法则 ………………………………… 44

第四节　二元函数的极值及其求法 ……………………………………… 46

第五节　二重积分的概念 ………………………………………………… 49

第六节　在直角坐标系下二重积分的计算 ……………………………… 53

第七节　在极坐标系下二重积分的计算 ………………………………… 58

第四章　级　　数 ………………………………………………………………… 64

第一节　级数的概念与敛散性 …………………………………………… 64

第二节　幂级数 …………………………………………………………… 69

第三节　傅里叶级数 ……………………………………………………… 74

第五章　MATLAB 数学实验 …………………………………………………… 82

第一节　空间几何图形的画图实验 ……………………………………… 82

第二节　二元函数的偏导数、极值与二重积分实验 …………………… 87

第三节　微分方程实验 …………………………………………………… 91

第四节　级数实验 ………………………………………………………… 93

* 第六章　数学建模简介 ………………………………………………… 98

第一节　数学模型与数学建模 ………………………………………… 98

第二节　初等数学模型 ………………………………………………… 102

第三节　微分方程数学模型 …………………………………………… 107

第四节　线性规划数学模型 …………………………………………… 112

第五节　层次分析法模型 ……………………………………………… 118

参考答案 ……………………………………………………………………… 128

参考文献 ……………………………………………………………………… 139

第一章 微 分 方 程

【内容提要】在实际问题和工程技术中,有些问题往往并不能直接由所给的条件找到变量间的函数关系,却可以利用平衡关系,列出未知函数及其导数与自变量之间关系的等式,然后从中解得待求的函数关系式.这样的等式就是所谓的微分方程.本章将讨论常微分方程的有关概念、可分离变量的微分方程、一阶线性微分方程及二阶常系数线性微分方程的解法.

【预备知识】一元微积分中的导数、微分的知识;不定积分的积分方法.

【学习目标】

1. 理解常微分方程、通解与特解的概念;

2. 会求可分离变量的微分方程的通解与特解;

3. 会求一阶线性微分方程的通解与特解;

4. 了解常见的二阶常系数线性微分方程的通解与特解的求法.

第一节 微分方程的基本概念

一、两个微分方程模型

引例 1 马尔萨斯人口模型

18 世纪末,英国人口学家马尔萨斯对百余年人口统计资料进行研究,提出人口指数增长模型.他的基本假设为:单位时间内人口的增长量与当时的人口总数成正比.

设时间 $t=t_0$ 时人口总数为 y_0,人口自然增长率(出生率与死亡率之差)为 r,则根据马尔萨斯假设,在时间 t 时人口总数为 $y=y(t)$,从 t 到 $t+\Delta t$ 时间内,人口增长为

$$\Delta y=y(t+\Delta t)-y(t)=ry \cdot \Delta t,$$

即

$$\frac{\Delta y}{\Delta t}=ry,$$

令 $\Delta t \to 0$,得到

$$\frac{\mathrm{d}y}{\mathrm{d}t}=ry.$$

还需满足当时间 $t=t_0$ 时人口总数为 y_0,即 $y|_{t=t_0}=y_0$.

这就是马尔萨斯人口模型.

引例 2 冷却模型

设有一瓶热水放在室内,水温原来是 100℃,室内温度是 20℃,经过 20 小时以后,瓶内的水温降到 60℃,求瓶内水温的变化规律.

对于物体温度下降的速度,牛顿做过研究,发现冷却定律:物体冷却的速度只与物体和它所处环境的温差成正比.

设水的温度 θ 与时间 t 之间的函数关系式为 $\theta=\theta(t)$,而水的冷却速度为 $\dfrac{\mathrm{d}\theta}{\mathrm{d}t}$,并假设水在冷却过程中,空气的温度不变.

由冷却定律,有

$$\frac{\mathrm{d}\theta}{\mathrm{d}t}=-k(\theta-20),$$

其中 $k>0$,为比例系数,函数 $\theta=\theta(t)$ 为单调递减函数,因而 $\dfrac{\mathrm{d}\theta}{\mathrm{d}t}$ 取负号.

且满足条件

$$\begin{cases} \theta\big|_{t=0}=100, \\ \theta\big|_{t=20}=60. \end{cases}$$

这就是瓶内水温的变化规律.

以上两个问题的共同特点是所列的等式(或称方程)中都含有未知函数的导数,像这样的方程就是微分方程.

二、微分方程的基本概念

定义 1 含有未知函数的导数(或微分)的方程,称为**微分方程**,简称方程.未知函数是一元函数的微分方程称为**常微分方程**.本章只介绍常微分方程,并简称微分方程.微分方程中出现的未知函数的最高阶导数的阶数,称为**微分方程的阶**.

例如,引例中的两个方程 $\dfrac{\mathrm{d}y}{\mathrm{d}t}=ry$ 与 $\dfrac{\mathrm{d}\theta}{\mathrm{d}t}=-k(\theta-20)$ 都是一阶微分方程.而 $\dfrac{\mathrm{d}^2y}{\mathrm{d}x^2}=6x$, $x^2y''-xy'+y=0$ 都是二阶微分方程.

使微分方程成为恒等式的函数,称为**微分方程的解**.

例如,对于方程 $\dfrac{\mathrm{d}y}{\mathrm{d}x}=2x$ 来说,函数 $y=x^2$,$y=x^2+C$(C 为任意常数)都是它的解.

而方程 $\dfrac{\mathrm{d}^2y}{\mathrm{d}x^2}=6x$ 的解为 $y=x^3+C_1x+C_2$(C_1,C_2 为任意常数).

若 n 阶微分方程的解中含有 n 个相互独立的任意常数,这样的解称为微分方程的通解.

例如,一阶微分方程 $\dfrac{\mathrm{d}y}{\mathrm{d}x}=2x$ 的解 $y=x^2+C$ 中含有 1 个独立的任意常数 C,因而 $y=x^2+C$ 是它的通解.

函数 $y=x^3+C_1x+C_2$(C_1,C_2 为任意常数)是二阶微分方程 $\dfrac{\mathrm{d}^2y}{\mathrm{d}x^2}=6x$ 的通解.

根据有些具体问题的需要,有时要确定这些任意常数的值.

把确定这些常数的条件称为微分方程的**初始条件**.

例如,引例 1 中的微分方程 $\dfrac{\mathrm{d}y}{\mathrm{d}t}=ry$,条件 $y\big|_{t=t_0}=y_0$ 就是其初始条件.

确定了通解中的任意常数所得到的解,称为微分方程的**特解**.

一个微分方程与其初始条件构成的问题,称为**初值问题**.

一阶微分方程的初值问题,通常记为 $\begin{cases} y'=f(x,y), \\ y\big|_{x=x_0}=y_0. \end{cases}$

而二阶微分方程的初始条件的一般形式是 $y\big|_{x=x_0}=y_0, y'\big|_{x=x_0}=y'_0.$

例 1 验证函数 $y=Ce^{rt}$ 是微分方程 $\dfrac{\mathrm{d}y}{\mathrm{d}t}=ry$ 的通解,并求初始条件为 $y\big|_{t=t_0}=y_0$ 的特解.

解 由 $y=Ce^{rt}$ 知,$y'=Cre^{rt}$,

将 y,y' 代入方程 $\dfrac{\mathrm{d}y}{\mathrm{d}t}=ry$,

显然方程的左端与右端相等,

故 $y=Ce^{rt}$ 为所给微分方程的解.

又因为这个解中只有一个任意常数,与微分方程的阶数相同,所以它是微分方程的通解.

把初始条件 $y\big|_{t=t_0}=y_0$ 代入通解,

即 $y_0=Ce^{rt_0}$,得 $C=y_0e^{-rt_0}$,

再把 $C=y_0e^{-rt_0}$ 代入通解 $y=Ce^{rt}$ 中,得到满足初始条件 $y\big|_{t=t_0}=y_0$ 的特解为

$$y=y_0e^{r(t-t_0)}.$$

例 2 验证函数 $y=C_1e^x+C_2e^{2x}$(C_1,C_2 为任意常数)为二阶微分方程 $y''-3y'+2y=0$ 的通解,并求满足初始条件 $y(0)=0,y'(0)=1$ 的特解.

解 由 $y=C_1e^x+C_2e^{2x}$

得,$y'=C_1e^x+2C_2e^{2x}$,$y''=C_1e^x+4C_2e^{2x}$,

将 y,y',y'' 代入方程 $y''-3y'+2y=0$ 左端,

得 $C_1e^x+4C_2e^{2x}-3(C_1e^x+2C_2e^{2x})+2(C_1e^x+C_2e^{2x})$

$=(C_1-3C_1+2C_1)e^x+(4C_2-6C_2+2C_2)e^{2x}=0,$

故 $y=C_1e^x+C_2e^{2x}$ 为所给微分方程的解.

又因为这个解中有两个独立的任意常数 C_1 与 C_2,与微分方程的阶数相同,所以它是微分方程的通解.

将初始条件 $y(0)=0,y'(0)=1$ 分别代入 $y=C_1e^x+C_2e^{2x}$ 与 $y'=C_1e^x+2C_2e^{2x}$

得 $\begin{cases} C_1+C_2=0, \\ C_1+2C_2=1. \end{cases}$

解之得 $C_1=-1,C_2=1.$

故满足初始条件的特解为 $y=-e^x+e^{2x}.$

习题 1—1

1. 下列方程中,哪些是微分方程?哪些不是微分方程?如果是微分方程,请指出它的阶数:

(1) $\mathrm{d}y=(x^2+1)\mathrm{d}x$;　　　　　　(2) $y'=2x+1$;

(3) $(x+\sin x)\mathrm{d}x+y\mathrm{d}y=0$;　　　(4) $y'+4y+4=0$;

(5) $\dfrac{\mathrm{d}^2y}{\mathrm{d}x^2}=3x+y$;　　　　　　(6) $(x^2+y^2)\mathrm{d}x+(x^2-y^2)\mathrm{d}y=0$;

(7) $3(\sin x)'-2=0$;　　　　　(8) $(y')^2+y'+xy=0$;

(9)$y''+xy+6\cos x=0$.

2. 请指出下列函数是否为微分方程的解.

(1)$y'+xy=0$，$y=Ce^{-\frac{x^2}{2}}$；

(2)$y''+y'=x$，$y=\frac{x^2}{2}-x$；

(3)$y''+k^2y=0(k\neq0)$，$y=C_1\cos k^2x+C_2\sin k^2x$；

(4)$y''+3y'+2y=e^{-x}\cos x$，$y=\frac{1}{2}e^{-x}(\sin x-\cos x)$.

3. 验证函数 $\theta=C_1e^{\lambda_1x}+C_2e^{\lambda_2x}$ 是方程 $y''-(\lambda_1+\lambda_2)y'+\lambda_1\lambda_2y=0$ 的通解.

4. 验证函数 $\theta=20+Ce^{-kt}(k>0,C$ 为任意常数) 是引例 2 中的微分方程 $\dfrac{d\theta}{dt}=-k(\theta-20)$的通解.

第二节　一阶微分方程

一、可分离变量的微分方程

定义 1　形如

$$y'=f(x)g(y) \text{ 或 } \frac{dy}{dx}=f(x)g(y) \tag{1-1}$$

的一阶微分方程，称为**可分离变量的微分方程**.

其特点是经过适当的变换，可以将两个不同变量的函数与其微分分离到方程的两边，即**分离变量法**. 具体解法如下：

(1)分离变量，得

$$\frac{dy}{g(y)}=f(x)dx \qquad (g(y)\neq0),$$

(2)两边同时求积分，得

$$\int\frac{dy}{g(y)}=\int f(x)dx,$$

(3)设 $G(y)$，$F(x)$ 分别是 $\dfrac{1}{g(y)}$，$f(x)$ 的一个原函数，得

$$G(y)=F(x)+C,$$

是原方程的通解.

当 $g(y)=0$ 时，$y=y_0$ 是微分方程的解.

例 1　求微分方程 $\dfrac{dy}{dx}=2xy$ 的通解.

解　分离变量，得

$$\frac{dy}{y}=2xdx,$$

两端同时积分，得

$$\int\frac{dy}{y}=\int2xdx,$$

积分后,得
$$\ln|y|=x^2+C_1,$$
从而
$$|y|=e^{x^2+C_1}=e^{C_1}e^{x^2},$$
即
$$y=\pm e^{C_1}e^{x^2}.$$
由于 $\pm e^{C_1}$ 仍是任意常数,记为 $C=\pm e^{C_1}$,

于是所给方程的通解为 $y=Ce^{x^2}$(C 为任意常数).

今后,在解微分方程的过程中,当使用积分公式 $\int \dfrac{\mathrm{d}y}{y}=\ln|y|+C$ 时,为使运算简便,可将公式中的 $\ln|y|$ 改为 $\ln y$,只要记住最后得到的任意常数 C 可正可负即可.

例 2 求微分方程 $x^2\mathrm{d}x+y^2\mathrm{d}y=0$ 的通解及满足 $y|_{x=1}=2$ 的特解.

解 分离变量,得
$$x^2\mathrm{d}x=-y^2\mathrm{d}y,$$
两边积分,得
$$\int x^2\mathrm{d}x=-\int y^2\mathrm{d}y,$$
$$\frac{1}{3}x^3=-\frac{1}{3}y^3+C_1,$$
整理,得
$$\frac{1}{3}x^3+\frac{1}{3}y^3=C_1,$$
即
$$x^3+y^3=3C_1.$$
令 $C=3C_1$,得通解为: $x^3+y^3=C$,

将 $y|_{x=1}=2$ 代入通解得 $1^3+2^3=C$,即 $C=9$,

所求微分方程的特解为
$$x^3+y^3=9.$$

例 3 求方程 $\mathrm{d}x+xy\mathrm{d}y=y^2\mathrm{d}x+y\mathrm{d}y$ 满足初始条件 $y(2)=3$ 的特解.

解 将方程整理,得
$$y(x-1)\mathrm{d}y=(y^2-1)\mathrm{d}x,$$
分离变量,得
$$\frac{y}{y^2-1}\mathrm{d}y=\frac{1}{x-1}\mathrm{d}x,$$
两端积分,得
$$\int \frac{y}{y^2-1}\mathrm{d}y=\int \frac{1}{x-1}\mathrm{d}x,$$
得
$$\frac{1}{2}\ln(y^2-1)=\ln(x-1)+\ln C,$$
即
$$y^2=C(x-1)^2+1,$$
为所给方程的通解.

将初始条件 $y(2)=3$ 代入通解中,得 $C=8$,

故所求方程的特解为
$$y^2=8(x-1)^2+1.$$

二、一阶线性微分方程

定义 2 形如
$$y'+P(x)y=Q(x) \tag{1-2}$$
的方程,称为**一阶线性微分方程**.其特点是方程关于未知函数 y 及其导数 y' 是一次式,$P(x),Q(x)$ 是已知的连续函数.

若 $Q(x)=0$,称方程(1-2)为**一阶齐次线性微分方程**,这时方程为
$$y'+P(x)y=0. \tag{1-3}$$

若 $Q(x) \neq 0$，称方程 (1-2) 为**一阶非齐次线性微分方程**．

此时，方程 (1-3) 称为对应于方程 (1-2) 的一阶齐次线性微分方程．

显然，方程 (1-3) 是可分离变量的微分方程．分离变量后，得

$$\frac{\mathrm{d}y}{y} = -P(x)\mathrm{d}x,$$

两端积分后，得

$$\ln y = -\int P(x)\mathrm{d}x + \ln C,$$

所以方程 (1-3) 的通解为

$$y = C\mathrm{e}^{-\int P(x)\mathrm{d}x}. \tag{1-4}$$

其中 C 为任意常数．

显然 (1-4) 式不是方程 (1-2) 的解，我们假设方程 (1-2) 的解仍具有 (1-4) 式的形式，但 C 不再是常数，而是变量 x 的函数，记为 $C(x)$．

即

$$y = C(x)\mathrm{e}^{-\int P(x)\mathrm{d}x} \tag{1-5}$$

是非齐次方程 (1-2) 的解，其中 $C(x)$ 是待定函数．

为求出 $C(x)$，将 (1-5) 两边对 x 求导，得

$$y' = C'(x)\mathrm{e}^{-\int P(x)\mathrm{d}x} - C(x)P(x)\mathrm{e}^{-\int P(x)\mathrm{d}x},$$

将 y, y' 代入方程 (1-2)，化简得

$$C'(x)\mathrm{e}^{-\int P(x)\mathrm{d}x} = Q(x),$$

从而

$$C'(x) = Q(x)\mathrm{e}^{\int P(x)\mathrm{d}x},$$

将上式两边积分，得

$$C(x) = \int Q(x)\mathrm{e}^{\int P(x)\mathrm{d}x}\mathrm{d}x + C,$$

其中 C 为任意常数，将 $C(x)$ 代入 (1-5) 式，得非齐次方程 (1-2) 的通解为

$$y = \mathrm{e}^{-\int P(x)\mathrm{d}x}\left[\int Q(x)\mathrm{e}^{\int P(x)\mathrm{d}x}\mathrm{d}x + C\right]. \tag{1-6}$$

这种求一阶非齐次线性微分方程通解的方法称为**常数变易法**．公式 (1-6) 也称为一阶非齐次线性微分方程的**通解公式**．

例 4　求微分方程 $xy' - y = x^3$ 的通解．

解　利用常数变易法求通解．

所给方程是一阶线性非齐次方程，变形为

$$y' - \frac{1}{x}y = x^2,$$

它所对应的齐次方程为

$$\frac{\mathrm{d}y}{\mathrm{d}x} - \frac{1}{x}y = 0,$$

分离变量，得

$$\frac{\mathrm{d}y}{y} = \frac{\mathrm{d}x}{x},$$

两边积分，得

$$\int \frac{\mathrm{d}y}{y} = \int \frac{\mathrm{d}x}{x},$$

得 $$\ln y=\ln x+\ln C,$$

通解为 $$y=Cx.$$

令 $y=C(x)x$，则 $y'=C'(x)x+C(x)$，代入原方程，得

$$C'(x)x+C(x)-C(x)=x^2,$$

化简,得 $$C'(x)=x,$$

积分 $$C(x)=\int x\mathrm{d}x,$$

得 $$C(x)=\frac{1}{2}x^2+C,$$

将其代入 $y=C(x)x$，得非齐次方程的通解为

$$y=\left(\frac{1}{2}x^2+C\right)x,$$

即 $$y=\frac{1}{2}x^3+Cx(C\text{ 为任意常数}).$$

例 5 求微分方程 $y'+y=xe^x$ 的通解.

解 直接利用通解公式.

由于 $P(x)=1,Q(x)=xe^x$，代入公式(1−6)得

$$y=\mathrm{e}^{-\int\mathrm{d}x}\left[\int xe^x\mathrm{e}^{\int\mathrm{d}x}\mathrm{d}x+C\right]$$

$$=\mathrm{e}^{-x}\left[\int xe^{2x}\mathrm{d}x+C\right]$$

$$=Ce^{-x}+\frac{1}{2}\left(x-\frac{1}{2}\right)e^x,$$

于是,所求方程的通解为

$$y=Ce^{-x}+\frac{1}{2}\left(x-\frac{1}{2}\right)e^x.$$

例 6 求方程 $y^2\mathrm{d}x+(x-2xy-y^2)\mathrm{d}y=0$ 满足初始条件 $y\big|_{x=1}=1$ 的特解.

解 所给方程中含有 y^2，若仍把 y 看作函数，把 x 看作自变量，则方程不是线性的.但是 x 的最高次数为一次,我们不妨把 x 看作函数,把 y 看作自变量,于是原方程可写为

$$\frac{\mathrm{d}x}{\mathrm{d}y}+\frac{1-2y}{y^2}x=1.$$

这是一个关于未知函数为 x 的一阶线性非齐次微分方程,其中

$$P(y)=\frac{1-2y}{y^2},Q(y)=1,$$

代入一阶线性非齐次方程的通解公式,有

$$x=\mathrm{e}^{-\int\frac{1-2y}{y^2}\mathrm{d}y}\left(C+\int\mathrm{e}^{\int\frac{1-2y}{y^2}\mathrm{d}y}\mathrm{d}y\right)=y^2\mathrm{e}^{\frac{1}{y}}(C+\mathrm{e}^{-\frac{1}{y}}),$$

所以原方程的通解为 $$x=y^2(1+Ce^{\frac{1}{y}}),$$

代入初始条件 $y\big|_{x=1}=1$，得 $C=0$，

因此,所求方程满足初始条件的特解为

$$y^2=x.$$

非齐次方程 $y'+P(x)y=Q(x)$ 的通解 $y=\mathrm{e}^{-\int P(x)\mathrm{d}x}\left[\int Q(x)\mathrm{e}^{\int P(x)\mathrm{d}x}\mathrm{d}x+C\right]$

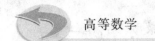

还可以化成以下形式

$$y = Ce^{-\int P(x)dx} + e^{-\int P(x)dx} \int Q(x)e^{\int P(x)dx}dx.$$

说明线性非齐次微分方程的通解等于对应的线性齐次微分方程的通解与其自身的一个特解之和.

习题 1-2

1. 求下列可分离变量的微分方程的通解:

(1) $\dfrac{dy}{dx} = 3x^2 y$; 　　　　　　　(2) $\dfrac{dy}{dx} + \dfrac{y}{x} = 0$;

(3) $xy^2 dx + (1+x^2)dy = 0$; 　　　(4) $\dfrac{dy}{dx} = 1 + x + y^2 + xy^2$.

2. 求下列一阶线性微分方程的通解:

(1) $y' + 2xy = 4x$; 　　　　　　　　(2) $y' - 2y = x^2$;

(3) $\dfrac{dy}{dx} + y = e^{-x}$; 　　　　　　　(4) $y = x(y' - x\cos x)$;

(5) $(x^2+1)\dfrac{dy}{dx} + 2xy = 4x^2$; 　　(6) $2ydx + (y^2 - 6x)dy = 0$.

3. 求下列微分方程满足初始条件的特解:

(1) $y' + 3y = 8, y|_{x=0} = 2$; 　　　　(2) $y' + \dfrac{3}{x}y = \dfrac{2}{x^3}, y|_{x=1} = 1$;

(3) $y' - y\tan x = \sec x, y|_{x=0} = 0$; 　(4) $x^2 dy + (2xy - x + 1)dx = 0, y|_{x=1} = 0$.

4. 求通过原点并且在点 (x, y) 处的切线斜率等于 $2x+y$ 的曲线方程.

5. 假设室内温度为 20℃,一物体由 100℃ 降到 60℃ 需要 20 分钟,求经过多少时间,物体的温度从开始时的 100℃ 降到 30℃.

第三节　二阶常系数齐次线性微分方程

本节将讨论在实际问题中应用较广的二阶常系数齐次线性微分方程,它在电学、力学中遇到的机会最多.

一、实际问题举例

引例　质量为 1 kg 的质点,在力的作用下,沿直线运动离开中心点.作用力与移动的距离成正比(比例系数为 3);外界阻力与运动速度成正比(比例系数为 2),运动开始时,质点距中心点为 4 m,速度为 0,求质点的运动规律.

设 y 表示路程,x 表示时间,则 $y' = \dfrac{dy}{dx}$ 为速度,$y'' = \dfrac{d^2 y}{dx^2}$ 为加速度,由题意,作用力为 $3y$,

阻力为 $-2\dfrac{dy}{dx}$,质点所受的力为 $3y - 2\dfrac{dy}{dx}$.

由牛顿第二定律 $F = ma$，得微分方程为

$$3y - 2\frac{\mathrm{d}y}{\mathrm{d}x} = \frac{\mathrm{d}^2 y}{\mathrm{d}x^2},$$

即

$$\frac{\mathrm{d}^2 y}{\mathrm{d}x^2} + 2\frac{\mathrm{d}y}{\mathrm{d}x} - 3y = 0,$$

或

$$y'' + 2y' - 3y = 0.$$

这个微分方程的特点是 y''，y'，y 都是一次式，其系数都是已知常数．像这样的二阶微分方程就是我们所要讨论的二阶常系数线性齐次微分方程．

二、二阶常系数线性齐次微分方程的概念及解的性质

定义 1 形如

$$y'' + py' + qy = 0 \qquad\qquad (1-7)$$

的二阶微分方程，称为**二阶常系数线性齐次微分方程**．其特点是 y''，y'，y 均为一次式，p，q 都是已知常数，y 是 x 的未知函数．

为了求出方程 $(1-7)$ 的通解，下面介绍方程 $(1-7)$ 解的有关性质．

定理 1 若函数 y_1，y_2 是方程 $(1-7)$ 的两个解，则函数 $y = C_1 y_1 + C_2 y_2 (C_1, C_2$ 为任意常数)仍为该方程的解．

例如，函数 $y_1 = \mathrm{e}^x$，$y_2 = \mathrm{e}^{-3x}$ 是方程 $y'' + 2y' - 3y = 0$ 的两个解，可以验证 $y = C_1 \mathrm{e}^x + C_2 \mathrm{e}^{-3x} (C_1, C_2$ 为任意常数)仍是该方程的解．

若两个函数 y_1 和 y_2 之比是常数，即 $\frac{y_1}{y_2} = k$，则称 y_1 与 y_2 是**线性相关**的；否则，称 y_1 与 y_2 是**线性无关**的．

例如，因为 $\frac{\mathrm{e}^x}{2\mathrm{e}^x} = \frac{1}{2}$，所以 e^x 与 $2\mathrm{e}^x$ 是线性相关的，而 $\frac{\mathrm{e}^x}{\mathrm{e}^{-3x}} = \mathrm{e}^{4x}$，不是常数，故 e^x 与 e^{-3x} 是线性无关的．

定理 2 若函数 y_1，y_2 是方程 $(1-7)$ 的两个线性无关的特解，则函数 $y = C_1 y_1 + C_2 y_2$ $(C_1, C_2$ 为任意常数)为该方程的通解．

例如，函数 $y_1 = \mathrm{e}^x$，$y_2 = \mathrm{e}^{-3x}$ 是方程 $y'' + 2y' - 3y = 0$ 的两个线性无关的解，C_1, C_2 为任意常数，所以由定理 2 知 $y = C_1 \mathrm{e}^x + C_2 \mathrm{e}^{-3x}$ 就是此方程的通解．

三、二阶常系数线性齐次微分方程的解法

由定理 2 可知，求方程 $y'' + py' + qy = 0$ 的通解，关键是求出它的两个线性无关的特解．

考察方程 $y'' + py' + qy = 0$ 的特点，因为方程的左端 y''，y'，y 彼此之间仅相差一个常数，而方程的右端为 0，可以看出 y''，y'，y 是同类函数，而函数 $y = \mathrm{e}^{rx} (r$ 是常数)恰好具备这些特点，不妨设 $y = \mathrm{e}^{rx}$ 是方程 $(1-7)$ 的解，并代入方程 $(1-7)$，得

$$\mathrm{e}^{rx}(r^2 + pr + qy) = 0,$$

因为 $\mathrm{e}^{rx} \neq 0$，所以

$$r^2 + pr + q = 0, \qquad\qquad (1-8)$$

由上述讨论可知，只要 r 满足式 $(1-8)$，函数 $y = \mathrm{e}^{rx}$ 就是方程 $(1-7)$ 的解．

方程 $r^2 + pr + q = 0$ 称为微分方程 $y'' + py' + qy = 0$ 的特征方程，它的根 r_1，r_2 称为微分

方程的**特征根**.

由于特征根 r_1,r_2 有三种不同情况,因而方程 $y''+py'+qy=0$ 的通解也有三种不同形式,下面我们分别加以讨论.

1. 特征根 r_1,r_2 是两个不相等的实根

因为 $e^{r_1 x}$ 与 $e^{r_2 x}$ 是方程 $y''+py'+qy=0$ 的特解,且 $\dfrac{e^{r_1 x}}{e^{r_2 x}}=e^{(r_1-r_2)x}$ 不是常数,可知 $e^{r_1 x}$ 与 $e^{r_2 x}$ 是线性无关的,所以根据定理 2 知道方程(1—7)的通解为

$$y=C_1 e^{r_1 x}+C_2 e^{r_2 x}.$$

例 1 求方程 $y''-3y'+4y=0$ 的通解.

解 $y''-3y'+4y=0$ 的特征方程为

$$r^2-3r+4=0,$$

即

$$(r+1)(r-4)=0,$$

解得

$$r_1=-1,r_2=4,$$

所以,原方程的通解为 $y=C_1 e^{-x}+C_2 e^{4x}$.

2. 特征根 r_1,r_2 是两个相等的实根

因为 $r_1=r_2=r$,此时只知道方程 $y''+py'+qy=0$ 的一个特解 $y_1=e^{rx}$,需要再找一个与 $y_1=e^{rx}$ 线性无关的特解. 可以验证 $y_2=xe^{rx}$ 是微分方程的特解,且 $\dfrac{y_1}{y_2}=\dfrac{e^{rx}}{xe^{rx}}=\dfrac{1}{x}$ 不是常数,所以 $y_1=e^{rx}$ 与 $y_2=xe^{rx}$ 是线性无关的,因而微分方程(1—7)的通解为

$$y=(C_1+C_2 x)e^{rx}.$$

例 2 求方程 $y''-4y'+4y=0$ 的通解,并求出满足初始条件 $y|_{x=0}=1,y'|_{x=0}=4$ 的特解.

解 方程 $y''-4y'+4y=0$ 的特征方程为

$$r^2-4r+4=0,$$

解得

$$r_1=r_2=2,$$

因此,方程 $y''-4y'+4y=0$ 的通解为

$$y=(C_1+C_2 x)e^{2x},$$

对 y 求导,得

$$y'=C_2 e^{2x}+2(C_1+C_2 x)e^{2x},$$

把 $y|_{x=0}=1,y'|_{x=0}=4$,分别代入上述 y,y'

解得 $C_1=1,C_2=2$.

所以原方程的特解为 $y=(1+2x)e^{2x}$.

3. 特征根 r_1,r_2 是一对共轭复根

设 $r_1=\alpha+\beta i,r_2=\alpha-\beta i$,可以证明函数 $y_1=e^{\alpha x}\cos \beta x$ 与 $y_2=e^{\alpha x}\sin \beta x$ 是方程 $y''+py'+qy=0$ 的两个线性无关的解,故微分方程的通解为

$$y=e^{\alpha x}(C_1\cos \beta x+C_2\sin \beta x).$$

例 3 求微分方程 $y''+2y'+5y=0$ 的通解.

解 方程 $y''+2y'+5y=0$ 的特征方程为

$$r^2+2r+5=0,$$

解得

$$r_1=-1+2i,r_2=-1-2i,$$

因此,方程 $y''+2y'+5y=0$ 的通解为

$$y = e^{-x}(C_1 \cos 2x + C_2 \sin 2x).$$

为方便查阅,根据特征根的不同情况,齐次微分方程对应的通解列表如下:

表 1-1

特征方程 $r^2 + pr + q = 0$ 的两个根 r_1, r_2	微分方程 $y'' + py' + qy = 0$ 的通解
两个不相等的实数根 $r_1 \neq r_2$	$y = C_1 e^{r_1 x} + C_2 e^{r_2 x}$
两个相等的实数根 $r_1 = r_2 = r$	$y = (C_1 + C_2 x) e^{rx}$
一对共轭复数根 $r_1 = \alpha + \beta i, r_2 = \alpha - \beta i$	$y = e^{\alpha x}(C_1 \cos \beta x + C_2 \sin \beta x)$

例 4 求本节开始引入的引例中,质点的运动规律.

解 求质点的运动规律,即是求微分方程 $y'' + 2y' - 3y = 0$ 满足初始条件 $y|_{x=0} = 4, y'|_{x=0} = 0$ 的特解.

方程 $y'' + 2y' - 3y = 0$ 的特征方程为

$$r^2 + 2r - 3 = 0,$$

即

$$(r-1)(r+3) = 0,$$

解得

$$r_1 = 1, r_2 = -3,$$

所以,原方程的通解为

$$y = C_1 e^x + C_2 e^{-3x},$$

对其求导,得

$$y' = C_1 e^x - 3C_2 e^{-3x},$$

把 $y|_{x=0} = 4, y'|_{x=0} = 0$ 分别代入上述 y, y',

解得 $C_1 = 3, C_2 = 1$,

所以微分方程 $y'' + 2y' - 3y = 0$ 的特解为 $y = 3e^x + e^{-3x}$,

因而质点的运动规律为 $y = 3e^x + e^{-3x}$.

习题 1-3

1. 求下列微分方程的通解:

(1) $y'' - 2y' - 3y = 0$;   (2) $2y'' - 5y' + 2y = 0$;

(3) $y'' - 2y' = 0$;   (4) $y'' - 4y' + 4y = 0$;

(5) $y'' - 2y' + y = 0$;   (6) $y'' + 6y' + 13y = 0$;

(7) $y'' - 4y' + 5y = 0$;   (8) $y'' + 2y' + 10y = 0$.

2. 求下列微分方程满足初始条件的特解:

(1) $y'' + 3y' - 4y = 0, y|_{x=0} = 5, y'|_{x=0} = 0$;

(2) $y'' - 4y' + 3y = 0, y|_{x=0} = 6, y'|_{x=0} = 10$;

(3) $4y'' + 4y' + y = 0, y|_{x=0} = 2, y'|_{x=0} = 0$;

(4) $y'' + 4y' + 29y = 0, y|_{x=0} = 0, y'|_{x=0} = 15$;

(5) $y'' + 2y' + 5y = 0, y|_{x=0} = 2, y'|_{x=0} = 0$;

(6) $y'' - 8y' + 16y = 0, y|_{x=0} = 1, y'|_{x=0} = 8$.

3. 一质点运动的加速度为 $a = -2v - 5s$,以初速 $v_0 = 12$ m/s 由原点出发,试求质点的运动方程.

第四节 二阶常系数非齐次线性微分方程

一、二阶常系数非齐次线性微分方程的概念及性质

定义 1 形如

$$y'' + py' + qy = f(x) \tag{1-9}$$

的二阶微分方程,称为**二阶常系数非齐次线性微分方程**. 其中 p,q 都是已知常数, $f(x)$ 称为自由项,它是 x 的函数且不等于 0.

把 $y'' + py' + qy = 0$ 称为微分方程(1-9)所对应的齐次线性微分方程.

类似于一阶非齐次线性微分方程的通解形式,二阶常系数非齐次线性方程的通解也等于它所对应的齐次线性方程的通解与其自身的一个特解之和.

以下简称二阶常系数非齐次线性微分方程为非齐次微分方程.

定理 若 y^* 是非齐次微分方程 $y'' + py' + qy = f(x)$ 的一个特解,而 Y 是对应的齐次微分方程的通解,则

$$y = Y + y^*$$

是非齐次微分方程的通解.

求齐次微分方程通解的问题已解决,现在关键是求非齐次微分方程的一个特解.

由方程(1-9)的特点可以看出,自由项 $f(x)$ 的类型不同,特解也就不同. 本节课只介绍三种特殊类型的自由项 $f(x)$ 所对应的特解,求特解所使用的方法称为待定系数法.

二、非齐次微分方程的特解求法

1. $f(x)$ 为多项式

因为多项式的导数仍为多项式,所以方程(1-9)的特解也应该是多项式. 有以下结论:

(1)当 $q \neq 0$ 时, y^* 与 $f(x)$ 为同次多项式;

(2)当 $q = 0$ 时, y^* 是比 $f(x)$ 高一次的多项式.

例 1 求方程 $y'' - 2y' + y = x^2$ 的一个特解.

解 因为 y 的系数 $q = 1 \neq 0$,可设方程的特解为 $y^* = Ax^2 + Bx + C$,

则

$$(y^*)' = 2Ax + B, (y^*)'' = 2A,$$

代入原方程后,

得 $Ax^2 + (-4A + B)x + (2A - 2B + C) = x^2$,

比较两边 x 同次幂的系数,得
$$\begin{cases} A = 1, \\ -4A + B = 0, \\ 2A - 2B + C = 0, \end{cases}$$

解得

$$A = 1, B = 4, C = 6,$$

故原方程得一个特解为

$$y^* = x^2 + 4x + 6.$$

例 2 求方程 $y'' - 2y' = 3x + 1$ 的一个特解.

解 因为 y 的系数 $q = 0$,故设方程的特解为 $y^* = Ax^2 + Bx + C.$

则
$$y^{*'}=2Ax+B, \quad y^{*''}=2A,$$

代入原方程后,得
$$-4Ax+2A-2B=3x+1,$$

比较两边 x 同次幂的系数,得
$$\begin{cases} -4A=3, \\ 2A-2B=1, \end{cases}$$

解得
$$A=-\frac{3}{4}, \quad B=-\frac{5}{4},$$

而 C 可为任意实数,不妨取 $C=0$,

故原方程的一个特解为
$$y^*=-\frac{3}{4}x^2-\frac{5}{4}x.$$

2. $f(x)$ 为指数函数

因为指数函数的导数仍为指数函数,所以方程(1−9)的特解也应该是指数函数. 设 $f(x)=a\mathrm{e}^{\lambda x}$,$a,\lambda$ 为常数,有以下结论:

(1)当 λ 不是特征方程 $r^2+pr+q=0$ 的根时,$y^*=A\mathrm{e}^{\lambda x}$;

(2)当 λ 是特征方程 $r^2+pr+q=0$ 的单根时,$y^*=Ax\mathrm{e}^{\lambda x}$;

(3)当 λ 是特征方程 $r^2+pr+q=0$ 的重根时,$y^*=Ax^2\mathrm{e}^{\lambda x}$.

例 3 求方程 $y''+y'+y=2\mathrm{e}^{2x}$ 的一个特解.

解 因为 $\lambda=2$ 不是特征方程 $r^2+r+1=0$ 的根,故设方程的特解为 $y^*=A\mathrm{e}^{2x}$,

则
$$y^{*'}=2A\mathrm{e}^{2x}, \quad y^{*''}=4A\mathrm{e}^{2x},$$

代入原方程得
$$A=\frac{2}{7},$$

所以原方程的特解为
$$y^*=\frac{2}{7}\mathrm{e}^{2x}.$$

例 4 求方程 $y''+2y'-3y=\mathrm{e}^{x}$ 的通解.

解 特征方程为 $r^2+2r-3=0$,其根为 $r_1=-3, r_2=1$,

它所对应的齐次方程的通解为 $y=C_1\mathrm{e}^{-3x}+C_2\mathrm{e}^{x}$.

因为 $\lambda=1$ 是特征方程的单根,故设原方程的特解为 $y^*=Ax\mathrm{e}^{x}$.

则
$$y^{*'}=A\mathrm{e}^{x}+Ax\mathrm{e}^{x}, \quad y^{*''}=2A\mathrm{e}^{x}+Ax\mathrm{e}^{x},$$

代入原方程,求得
$$A=\frac{1}{4},$$

于是原方程的特解为
$$y^*=\frac{1}{4}x\mathrm{e}^{x},$$

所以原方程的通解为
$$y=C_1\mathrm{e}^{-3x}+C_2\mathrm{e}^{x}+\frac{1}{4}x\mathrm{e}^{x}.$$

3. $f(x)$ 为正弦型函数

因为正弦型函数 $a\cos\omega x+b\sin\omega x (a,b,\omega$ 为常数)的导数仍为同类函数,所以方程(1−9)的特解也应该是同类型函数.

设 $f(x)=a\cos\omega x+b\sin\omega x$,有以下结论:

(1)当 $\pm\omega\mathrm{i}$ 不是特征方程 $r^2+pr+q=0$ 的根时,$y^*=A\cos\omega x+B\sin\omega x$;

(2)当 $\pm\omega\mathrm{i}$ 是特征方程 $r^2+pr+q=0$ 的根时,$y^*=x(A\cos\omega x+B\sin\omega x)$.

例 5 求方程 $y''+2y'-3y=4\sin x$ 的一个特解,并写出它的通解.

解 因为 $\omega=1,\pm i$ 不是特征方程 $r^2+2r-3=0$ 的根,故设方程的特解为

$$y^*=A\cos x+B\sin x,$$

则

$$y^{*'}=-A\sin x+B\cos x,$$
$$y^{*''}=-A\cos x-B\sin x.$$

代入原方程,化简得

$$-(4A-2B)\cos x-(2A+4B)\sin x=4\sin x,$$

比较等式两端,得

$$\begin{cases} 4A-2B=0, \\ -(2A+4B)=4, \end{cases}$$

解得

$$A=-\frac{2}{5},B=-\frac{4}{5},$$

所以原方程的特解为
$$y^*=-\frac{2}{5}\cos x-\frac{4}{5}\sin x.$$

原方程所对应的齐次方程 $y''+2y'-3y=0$ 的特征方程为
$$r^2+2r-3=0,$$

其特征根为
$$r_1=-3,r_2=1,$$

所以原方程的通解为 $y=C_1 e^{-3x}+C_2 e^x-\frac{2}{5}\cos x-\frac{4}{5}\sin x.$

对于 $f(x)$ 为其他复杂类型的情况,我们可以借助于数学软件 MATLAB,只要输入求解命令,即可求出其特解或通解,可参见本书的第五章 MATLAB 数学实验部分.

习题 1—4

1. 求下列非齐次微分方程的一个特解:

(1) $y''+y=2x^2-3$;   (2) $2y''+y'-y=2e^x$;

(3) $y''-3y'+2y=3e^{2x}$;   (4) $y''+3y'+2y=\sin x$.

2. 求下列微分方程的通解:

(1) $y''-6y'+13y=39$;   (2) $y''+5y'+4y=3-2x$;

(3) $2y''+y'-y=2e^x$;   (4) $y''+y'=\sin x$.

3. 求下列初值问题的解:

(1) $y''-6y'+8y=4,y|_{x=0}=0,y'|_{x=0}=0$;

(2) $y''+y'-2y=2x,y|_{x=0}=0,y'|_{x=0}=3$;

(3) $y''-10y'+9y=e^{2x},y(0)=\frac{6}{7},y'(0)=\frac{33}{7}$;

(4) $y''+9y=\cos x,y\left(\frac{\pi}{2}\right)=y'\left(\frac{\pi}{2}\right)=0$.

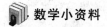数学小资料

微分方程的由来与求解

在实际工作中,常常出现微分方程的问题.比如:物质在一定条件下的运动变化,要寻求它的运动、变化的规律;某个物体在重力作用下自由下落,要寻求下落距离随时间变化的规律;火箭在发动机的推动下在空间飞行,要寻求它飞行的轨道,等等.

物质运动和它的变化规律在数学上是用函数关系来描述的,因此,这类问题就是要去寻求满足某些条件的一个或者几个未知函数.也就是说,凡是这类问题都不是简单地去求一个或者几个固定不变的数值,而是要求一个或者几个未知的函数.

解这类问题的基本思想和初等数学解方程的基本思想很相似,也是要把研究的问题中已知函数和未知函数之间的关系找出来,从列出的包含未知函数的一个或几个方程中去求得未知函数的表达式.但是无论在方程的形式、求解的具体方法、求出解的性质等方面,都和初等数学中的解方程有许多不同的地方.

在数学上,解这类方程,要用到微分和导数的知识.因此,凡是表示未知函数的导数以及自变量之间的关系的方程,就叫做微分方程.

微分方程差不多是和微积分同时产生的,苏格兰数学家耐普尔创立对数的时候,就讨论过微分方程的近似解.牛顿在建立微积分的同时,对简单的微分方程用级数来求解.后来瑞士数学家雅各布·贝努利、欧拉、法国数学家克雷洛、达朗贝尔、拉格朗日等人又不断地研究和丰富了微分方程的理论.

常微分方程的形成与发展是和力学、天文学、物理学,以及其他科学技术的发展密切相关的.数学的其他分支的新发展,如复变函数、李群、组合拓扑学等,都对常微分方程的发展产生了深刻的影响,当前计算机的发展更是为常微分方程的应用及理论研究提供了非常有力的工具.

牛顿研究天体力学和机械力学的时候,利用了微分方程这个工具,从理论上得到了行星运动规律.后来,法国天文学家勒维烈和英国天文学家亚当斯使用微分方程各自计算出那时尚未发现的海王星的位置.这些都使数学家更加深信微分方程在认识自然、改造自然方面的巨大力量.

微分方程的理论逐步完善的时候,利用它就可以精确地表述事物变化所遵循的基本规律,只要列出相应的微分方程,有了解方程的方法.微分方程也就成了最有生命力的数学分支.

常微分方程的概念、解法和其他理论联系很多,比如,方程和方程组的种类及解法、解的存在性和唯一性、奇解、定性理论等等.下面就方程解的有关几点知识简述一下,以了解常微分方程的特点.

求通解在历史上曾作为微分方程的主要目标,一旦求出通解的表达式,就容易从中得到问题所需要的特解.也可以由通解的表达式,了解对某些参数的依赖情况,便于参数取值适宜,使它对应的解具有所需要的性能,还有助于进行关于解的其他研究.

后来的发展表明,能够求出通解的情况不多,在实际应用中所需要的多是求满足某种指

定条件的特解. 当然,通解是有助于研究解的属性的,但是人们已把研究重点转移到定解问题上来.

一个常微分方程是不是有特解呢? 如果有,又有几个呢? 这是微分方程论中一个基本的问题,数学家把它归纳成基本定理,叫做存在和唯一性定理. 因为如果没有解,而我们要去求解,那是没有意义的;如果有解而又不是唯一的,那又不好确定. 因此,存在和唯一性定理对于微分方程的求解是十分重要的.

大部分的常微分方程求不出十分精确的解,而只能得到近似解. 当然,这个近似解的精确程度是比较高的. 另外还应该指出,用来描述物理过程的微分方程以及由试验测定的初始条件也是近似的,这种近似之间的影响和变化还必须在理论上加以解决.

现在,常微分方程在很多学科领域内有着重要的应用,自动控制、各种电子学装置的设计、弹道的计算、飞机和导弹飞行的稳定性的研究、化学反应过程稳定性的研究等. 这些问题都可以化为求常微分方程的解,或者化为研究解的性质的问题. 应该说,应用常微分方程理论已经取得了很大的成就,但是,它的现有理论也还远远不能满足需要,还有待于进一步的发展,使这门学科的理论更加完善.

21 世纪以来,随着大量的边缘科学诸如电磁流体力学、化学流体力学、动力气象学、海洋动力学、地下水动力学等等的产生和发展,也出现了不少新型的微分方程(特别是方程组).

MATLAB 是国际公认的最优秀的科技应用软件之一,具有极高的编程效率和强大的计算功能. 利用 MATLAB 的微分方程工具箱,掌握求微分方程命令的使用方法,读者很快就可以掌握求出各种类型的微分方程的通解与特解的方法.

第二章　向量代数与空间解析几何

【内容提要】本章学习向量代数与空间解析几何的一些基本知识．首先引入空间直角坐标系，把空间的点与有序数组、空间图形与代数方程联系起来，建立起对应关系．之后学习向量的坐标等概念、向量的数量积与向量积的有关知识，最后用向量代数为工具，讨论空间基本图形——平面、直线的方程，常见曲面的方程．

【预备知识】平面解析几何中的点的坐标、直线的方程、二次曲线的方程；立体几何中的确定直线与平面的定理；向量的概念、向量加法的平行四边形法则等．

【学习目标】

1. 了解空间直角坐标系、点的坐标及向量的坐标表达形式；
2. 会用坐标形式计算向量的数量积与向量积；
3. 会求空间中的平面的方程与直线的方程；
4. 了解常见的旋转曲面、柱面及二次曲面的方程．

第一节　空间直角坐标系与向量的坐标

一、空间直角坐标系

在平面直角坐标系中，平面上的点 M 与有序实数对 (x,y) 建立一一对应关系，从而将直线、二次曲线与二元方程建立了一一对应关系．同样，为了建立空间点、线、面与方程的联系，需要建立空间直角坐标系．

在空间中任意取定一点 O，过点 O 作三条互相垂直的数轴，这三条数轴一般具有相同的长度单位，且以 O 为原点，这三条数轴分别称为 x 轴（横轴）、y 轴（纵轴）与 z 轴（竖轴），统称为**坐标轴**，三个坐标轴正向构成右手系，即用右手握住 z 轴，让右手的四指从 x 轴的正向以 $\frac{\pi}{2}$ 的角度转向 y 轴的正向时，则大拇指所指的方向就是 z 轴的正向（如图 2—1），这样就构成了**空间直角坐标系**．

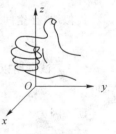

图 2-1

点 O 称为**坐标原点**，简称为**原点**．两条坐标轴所确定的平面称为**坐标平面**，简称为**坐标面**．例如，由 x 轴和 y 轴所确定的坐标平面称为 xOy 坐标面．类似地，还有 yOz 坐标面和 xOz 坐标面．三个坐标面把空间分成八个部分，每一部分称为一个**卦限**（如图 2-2）．

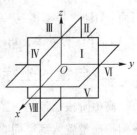

图 2-2

含有 x,y,z 轴的正半轴的卦限称为第 Ⅰ 卦限,在 xOy 面上方的其他三个卦限,按逆时针方向依次称为第 Ⅱ,Ⅲ,Ⅳ 卦限;第 Ⅰ,Ⅱ,Ⅲ,Ⅳ 卦限下面的空间部分依次称为第 Ⅴ,Ⅵ,Ⅶ,Ⅷ 卦限.

设 M 为空间直角坐标系中的任意一点,过点 M 作三个平面分别垂直于 x 轴,y 轴和 z 轴,它们与三个坐标轴的交点分别为 P,Q,R(如图 2-3),这三点在 x 轴、y 轴、z 轴上的坐标依次为 x,y,z,于是空间点 M 就唯一地确定了一个有序数组 x,y,z. 反之,对任意给定一组有序数组 x,y,z,在 x 轴上取坐标为 x 的点 P,在 y 轴上取坐标为 y 的点 Q,在 z 轴上取坐标为 z 的点 R,然后过点 P,Q,R,分别作垂直于 x 轴,y 轴和 z 轴的平面,这三个平面相交于唯一的一点 M. 这样,空间点 M 就与一组有序数组 x,y,z 之间建立了一一对应关系. 有序数组 x,y,z 就称为**点 M 的坐标**,记为 $M(x,y,z)$,x,y,z 分别称为点 M 的**横坐标**、**纵坐标**和**竖坐标**.

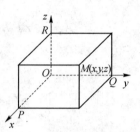

图 2-3

原点 O 的坐标为 $O(0,0,0)$,坐标轴 x,y,z 轴上的点依次表示为 $M_1(x,0,0)$,$M_2(0,y,0)$,$M_3(0,0,z)$. 坐标面 xOy,yOz,xOz 面上的点依次表示 $N_1(x,y,0)$,$N_2(0,y,z)$,$N_3(x,0,z)$.

例如,点 $A(3,0,0)$ 表示 x 轴上的点;点 $B(-2,0,4)$ 表示 xOz 面上的点;点 $C(2,3,4)$ 在第 Ⅰ 卦限内,而点 $D(-1,-2,-5)$ 在第 Ⅶ 卦限内.

二、空间两点间的距离公式

在平面直角坐标系中,任意两点 $M_1(x_1,y_1)$,$M_2(x_2,y_2)$ 之间的距离为

$$|M_1M_2| = \sqrt{(x_2-x_1)^2 + (y_2-y_1)^2}.$$

类似地,在空间直角坐标系中,任意两点 $M_1(x_1,y_1,z_1)$,$M_2(x_2,y_2,z_2)$ 之间的距离为

$$|M_1M_2| = \sqrt{(x_2-x_1)^2 + (y_2-y_1)^2 + (z_2-z_1)^2}.$$

例 1 试证明以三点 $A(4,1,9)$,$B(10,-1,6)$,$C(2,4,3)$ 为顶点的三角形为等腰直角三角形.

证 因为

$$|AB|^2 = (10-4)^2 + (-1-1)^2 + (6-9)^2 = 49,$$
$$|AC|^2 = (2-4)^2 + (4-1)^2 + (3-9)^2 = 49,$$
$$|BC|^2 = (2-10)^2 + (4+1)^2 + (3-6)^2 = 98,$$

因而 $|AB| = |AC|$,且 $|AB|^2 + |AC|^2 = |BC|^2$,
所以 $\triangle ABC$ 为等腰直角三角形.

三、向量的坐标表示

高中阶段已经学习了向量的一些基本概念与运算,这些知识都是在平面上研究的,现在我们把向量置入到空间直角坐标系中,就可以引进向量的坐标,让向量与有序数组相对应,从而利用代数的方法来研究向量的问题.

在空间直角坐标系中,与 x 轴、y 轴、z 轴的正向同方向的单位向量称为**基本单位向量**,分别用 i,j,k 表示.

设 a 为空间中的任一向量,将 a 的始点与坐标原点 O 重合,终点 M 的坐标为 (x,y,z),则 $a=\overrightarrow{OM}$(如图 2-4).

过点 $M(x,y,z)$ 作三个平面分别垂直于三个坐标轴,设垂足依次为 P,Q,R,点 N 为点 M 在 xOy 面上的投影,则向量 $\overrightarrow{OP}=xi,\overrightarrow{OQ}=yj,\overrightarrow{OR}=zk$,于是,由向量的加法法则得

$$a=\overrightarrow{OM}=\overrightarrow{ON}+\overrightarrow{NM}=\overrightarrow{OP}+\overrightarrow{OQ}+\overrightarrow{OR}=xi+yj+zk.$$

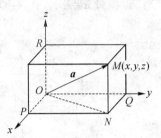

图 2-4

显然,给定向量 a,就确定了点 M,三个有序数组 x,y,z 被确定;反之,给定三个有序数组 x,y,z,就确定了点 M,进而就确定了向量 $a=\overrightarrow{OM}$. 从而向量 a 与三个有序数组 x,y,z 之间一一对应.

$xi+yj+zk$ 称为向量 a 的 **坐标表达式**,三个向量 xi,yj,zk 称为向量 a 在三个坐标轴上的**分向量**,有序数组 x,y,z 称为向量 a 的坐标,记作 $a=\{x,y,z\}$. 即

$$a=xi+yj+zk=\{x,y,z\}.$$

例2 已知 $\overrightarrow{M_1M_2}$ 是以 $M_1(x_1,y_1,z_1)$ 为始点,$M_2(x_2,y_2,z_2)$ 为终点的向量(如图 2-5),试求向量 $\overrightarrow{M_1M_2}$ 的坐标表达式.

解
$$\begin{aligned}\overrightarrow{M_1M_2}&=\overrightarrow{OM_2}-\overrightarrow{OM_1}\\&=x_2i+y_2j+z_2k-(x_1i+y_1j+z_1k)\\&=(x_2-x_1)i+(y_2-y_1)j+(z_2-z_1)k.\end{aligned}$$

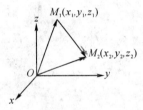

图 2-5

由此可知,始点不在坐标原点的向量的坐标,等于向量相应的终点坐标与始点坐标之差.

四、向量的代数运算的坐标形式

利用向量的坐标形式,可得向量的加法、减法以及向量的数乘运算.

设 $a=\{a_x,a_y,a_z\},b=\{b_x,b_y,b_z\}$,即

$$a=a_xi+a_yj+a_zk,b=b_xi+b_yj+b_zk.$$

利用向量加法的交换律与结合律,以及向量与数量乘法的结合律与分配律,有

$$\begin{aligned}a+b&=(a_x+b_x)i+(a_y+b_y)j+(a_z+b_z)k\\&=\{a_x+b_x,a_y+b_y,a_z+b_z\};\end{aligned}$$

$$\begin{aligned}a-b&=(a_x-b_x)i+(a_y-b_y)j+(a_z-b_z)k\\&=\{a_x-b_x,a_y-b_y,a_z-b_z\};\end{aligned}$$

$$\begin{aligned}\lambda a&=(\lambda a_x)i+(\lambda a_y)j+(\lambda a_z)k\\&=\{\lambda a_x,\lambda a_y,\lambda a_z\}(\lambda \text{ 为常数}).\end{aligned}$$

例3 已知 $a=\{3,4,1\},b=\{2,3,-4\},c=\{0,-1,-3\}$,求 $2a+3b-c$.

解
$$\begin{aligned}&2a+3b-c\\&=2\{3,4,1\}+3\{2,3,-4\}-\{0,-1,-3\}\\&=\{12,18,-7\}.\end{aligned}$$

五、向量的模、方向余弦与投影

设向量 $\boldsymbol{a}=\{a_x,a_y,a_z\}$（如图 2-6），则向量 $\boldsymbol{a}$ 的模为

$$|\boldsymbol{a}|=\sqrt{a_x^2+a_y^2+a_z^2}.$$

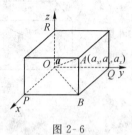

图 2-6

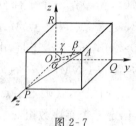

图 2-7

设向量 $\boldsymbol{a}$ 与 x 轴、y 轴、z 轴正向的夹角分别为记为 α,β,γ（如图 2-7），称为向量 $\boldsymbol{a}$ 的**方向角**，方向角的余弦 $\cos\alpha,\cos\beta,\cos\gamma$ 称为向量 $\boldsymbol{a}$ 的**方向余弦**.（规定 $0\leqslant\alpha\leqslant\pi,0\leqslant\beta\leqslant\pi,0\leqslant\gamma\leqslant\pi$）.

$$\cos\alpha=\frac{a_x}{|\boldsymbol{a}|}=\frac{a_x}{\sqrt{a_x^2+a_y^2+a_z^2}};$$

$$\cos\beta=\frac{a_y}{|\boldsymbol{a}|}=\frac{a_y}{\sqrt{a_x^2+a_y^2+a_z^2}};$$

$$\cos\gamma=\frac{a_z}{|\boldsymbol{a}|}=\frac{a_z}{\sqrt{a_x^2+a_y^2+a_z^2}}.$$

显然，方向余弦满足

$$\cos^2\alpha+\cos^2\beta+\cos^2\gamma=1.$$

即任一向量的方向余弦的平方和等于 1.

例 4 已知 $M_1(1,0,3),M_2(2,\sqrt{2},2)$，求向量 $\overrightarrow{M_1M_2}$ 的模、方向角及与 $\overrightarrow{M_1M_2}$ 平行的单位向量.

解 向量：$\overrightarrow{M_1M_2}=\{2-1,\sqrt{2}-0,2-3\}=\{1,\sqrt{2},-1\}$.

模：$|\overrightarrow{M_1M_2}|=\sqrt{1^2+(\sqrt{2})^2+(-1)^2}=2$.

方向余弦：$\cos\alpha=\dfrac{1}{2},\cos\beta=\dfrac{\sqrt{2}}{2},\cos\gamma=-\dfrac{1}{2}$.

方向角：$\alpha=\dfrac{\pi}{3},\beta=\dfrac{\pi}{4},\gamma=\dfrac{2\pi}{3}$.

与 $\overrightarrow{M_1M_2}$ 平行的单位向量记为 $\boldsymbol{a^0}$，则

$$\boldsymbol{a^0}=\pm\frac{\overrightarrow{M_1M_2}}{|\overrightarrow{M_1M_2}|}=\pm\{\cos\alpha,\cos\beta,\cos\gamma\}=\left\{\pm\frac{1}{2},\pm\frac{\sqrt{2}}{2},\mp\frac{1}{2}\right\}.$$

例 5 设向量 $\boldsymbol{a}$ 的两个方向余弦为 $\cos\alpha=\dfrac{1}{3},\cos\beta=\dfrac{2}{3}$，又 $|\boldsymbol{a}|=6$，求向量 $\boldsymbol{a}$ 的坐标.

解 由 $\cos^2\alpha+\cos^2\beta+\cos^2\gamma=1$，得

$$\cos\gamma=\pm\sqrt{1-\cos^2\alpha-\cos^2\beta}=\pm\sqrt{1-\left(\frac{1}{3}\right)^2-\left(\frac{2}{3}\right)^2}=\pm\frac{2}{3},$$

而
$$a_x = |\boldsymbol{a}|\cos\alpha = 6\times\frac{1}{3} = 2,$$

$$a_y = |\boldsymbol{a}|\cos\beta = 6\times\frac{2}{3} = 4,$$

$$a_z = |\boldsymbol{a}|\cos\gamma = 6\times\left(\pm\frac{2}{3}\right) = \pm 4,$$

故所求向量为 $\boldsymbol{a} = \{2,4,4\}$ 或 $\boldsymbol{a} = \{2,4,-4\}$.

设向量 $\boldsymbol{a}$ 与向量 $\boldsymbol{b}$ 正向所夹的角为 $\theta(0\leqslant\theta\leqslant\pi)$,把 $|\boldsymbol{a}|\cdot\cos\theta$ 称为向量 $\boldsymbol{a}$ 在向量 $\boldsymbol{b}$ 上的投影(如图 2-8),记作 $\mathrm{Prj}_b\boldsymbol{a}$,即

$$\mathrm{Prj}_b\boldsymbol{a} = |\boldsymbol{a}|\cdot\cos\theta,$$

类似地,向量 $\boldsymbol{b}$ 在向量 $\boldsymbol{a}$ 上的投影为 $\mathrm{Prj}_a\boldsymbol{b} = |\boldsymbol{b}|\cdot\cos\theta$.

若 α,β,γ 是向量 $\boldsymbol{a} = \{a_x,a_y,a_z\}$ 的方向角,则向量 $\boldsymbol{a}$ 在 x 轴上的投影为

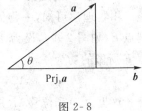

图 2-8

$$\mathrm{Prj}_x\boldsymbol{a} = |\boldsymbol{a}|\cdot\cos\alpha = |\boldsymbol{a}|\cdot\frac{a_x}{|\boldsymbol{a}|} = a_x,$$

同理,向量 $\boldsymbol{a}$ 在 y 轴、z 轴上的投影分别为 a_y,a_z.

这就是说,任何一个向量在空间直角坐标系中的三个坐标,分别是向量在 x 轴、y 轴、z 轴上的投影.

为讨论问题方便,以后各节若没有特殊说明,所给向量均为不为零的向量.

习题 2—1

1. 在空间直角坐标系中,指出下列各点在哪个象限内?
$A(3,5,1),B(6,1,-2),C(5,-2,-3),D(-5,-1,2),E(-1,-4,-2)$.

2. 指出下列各点的位置:
$A(2,5,0),B(0,1,-2),C(-2,0,4),D(1,0,0),E(0,2,0),F(0,0,-3)$.

3. 求点 $M(1,-2,3)$ 关于坐标原点、x 轴、y 轴、z 轴及 xOy,yOz,xOz 对称点的坐标.

4. 试证明以 $A(4,3,1),B(7,1,2),C(5,2,3)$ 为顶点的三角形是等腰三角形.

5. 设已知两点 $M_1(4,2,5),M_2(1,-2,5)$,用坐标表达式表示向量 $\overrightarrow{M_1M_2}$ 及与它平行的单位向量.

6. 已知两点 $M_1(4,\sqrt{2},1)$ 和 $M_2(3,0,2)$,计算向量 $\overrightarrow{M_1M_2}$ 的模,方向余弦和方向角.

7. 已知向量 $\boldsymbol{a}$ 的模为 3,且其方向角 α,β,γ 分别为 $\frac{\pi}{6},\frac{\pi}{4},\frac{3\pi}{4}$,求向量 $\boldsymbol{a}$.

8. 设 $\boldsymbol{a}=2\boldsymbol{i}+3\boldsymbol{j}-\boldsymbol{k},\boldsymbol{b}=\boldsymbol{i}-4\boldsymbol{j}+2\boldsymbol{k}$,求向量 $3\boldsymbol{a}+2\boldsymbol{b}$ 分别在三个坐标轴上的投影.

第二节　向量的数量积与向量积

一、两向量的数量积

1. 数量积的定义

由物理学可知,一物体在常力 $\boldsymbol{F}$ 作用下,由点 A 沿直线移动到点 B(如图 2-9),设力 $\boldsymbol{F}$ 的方向与位移向量 $\overrightarrow{AB}$ 的夹角为 θ,则力 $\boldsymbol{F}$ 所做的功为

$$W = |\boldsymbol{F}||\overrightarrow{AB}|\cos\theta,$$

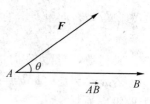

图 2-9

这里力 $\boldsymbol{F}$ 和位移 $\overrightarrow{AB}$ 是两个向量,它们的运算确定一个数量 $|\boldsymbol{F}||\overrightarrow{AB}|\cos\theta$. 在其他一些问题中,也会遇到这样两个向量的运算,其结果等于两个向量的模与这两个向量的夹角的余弦的乘积. 为此,我们引入向量的数量积的概念.

定义 1 若两个向量 $\boldsymbol{a}$ 与 $\boldsymbol{b}$ 的夹角为 θ,则称

$$|\boldsymbol{a}| \cdot |\boldsymbol{b}|\cos\theta$$

为向量 $\boldsymbol{a}$ 与 $\boldsymbol{b}$ 的数量积,记作 $\boldsymbol{a}\cdot\boldsymbol{b}$.

向量的数量积也称为向量的**点积**或**内积**. 也可以简写成 $\boldsymbol{ab}$.

由于 $|\boldsymbol{a}| \cdot \cos\theta = \mathrm{Prj}_b\boldsymbol{a}$,$|\boldsymbol{b}| \cdot \cos\theta = \mathrm{Prj}_a\boldsymbol{b}$,所以

$$\boldsymbol{a}\cdot\boldsymbol{b} = |\boldsymbol{b}|\mathrm{Prj}_b\boldsymbol{a} = |\boldsymbol{a}|\mathrm{Prj}_a\boldsymbol{b}.$$

由定义可知,常力做功就是力与位移的数量积,即 $W = \boldsymbol{F}\cdot\overrightarrow{AB}$.

由数量积的定义,可得下面性质:

(1) $\boldsymbol{a}\cdot\boldsymbol{a} = |\boldsymbol{a}|^2$;

(2) 向量 $\boldsymbol{a}$ 与 $\boldsymbol{b}$ 互相垂直的充要条件是 $\boldsymbol{a}\cdot\boldsymbol{b} = 0$;

(3) $\boldsymbol{i}\cdot\boldsymbol{i} = \boldsymbol{j}\cdot\boldsymbol{j} = \boldsymbol{k}\cdot\boldsymbol{k} = 1$,$\boldsymbol{i}\cdot\boldsymbol{j} = \boldsymbol{j}\cdot\boldsymbol{k} = \boldsymbol{k}\cdot\boldsymbol{i} = 0$.

数量积有下列运算律:

(1) 交换律 $\boldsymbol{a}\cdot\boldsymbol{b} = \boldsymbol{b}\cdot\boldsymbol{a}$;

(2) 分配律 $(\boldsymbol{a}+\boldsymbol{b})\cdot\boldsymbol{c} = \boldsymbol{a}\cdot\boldsymbol{c} + \boldsymbol{b}\cdot\boldsymbol{c}$;

(3) 结合律 $\lambda(\boldsymbol{a}\cdot\boldsymbol{b}) = (\lambda\boldsymbol{a})\cdot\boldsymbol{b} = \boldsymbol{a}\cdot(\lambda\boldsymbol{b})$($\lambda$ 为实数).

2. 数量积的坐标表达式

设 $\boldsymbol{a} = a_x\boldsymbol{i} + a_y\boldsymbol{j} + a_z\boldsymbol{k}$,$\boldsymbol{b} = b_x\boldsymbol{i} + b_y\boldsymbol{j} + b_z\boldsymbol{k}$,利用数量积的性质及分配律,可得数量积的坐标表达式为

$$\begin{aligned}
\boldsymbol{a}\cdot\boldsymbol{b} &= (a_x\boldsymbol{i} + a_y\boldsymbol{j} + a_z\boldsymbol{k})\cdot(b_x\boldsymbol{i} + b_y\boldsymbol{j} + b_z\boldsymbol{k})\\
&= a_xb_x\boldsymbol{i}\cdot\boldsymbol{i} + a_xb_y\boldsymbol{i}\cdot\boldsymbol{j} + a_xb_z\boldsymbol{i}\cdot\boldsymbol{k} + a_yb_x\boldsymbol{j}\cdot\boldsymbol{i} + a_yb_y\boldsymbol{j}\cdot\boldsymbol{j} +\\
&\quad a_yb_z\boldsymbol{j}\cdot\boldsymbol{k} + a_zb_x\boldsymbol{k}\cdot\boldsymbol{i} + a_zb_y\boldsymbol{k}\cdot\boldsymbol{j} + a_zb_z\boldsymbol{j}\cdot\boldsymbol{k}\\
&= a_xb_x + a_yb_y + a_zb_z,
\end{aligned}$$

即

$$\boldsymbol{a}\cdot\boldsymbol{b} = a_xb_x + a_yb_y + a_zb_z,$$

因此两向量的数量积等于它们对应坐标乘积之和.

两向量夹角余弦的坐标表达式为

$$\cos\theta=\frac{\boldsymbol{a}\cdot\boldsymbol{b}}{|\boldsymbol{a}|\cdot|\boldsymbol{b}|}=\frac{a_xb_x+a_yb_y+a_zb_z}{\sqrt{a_x^2+a_y^2+a_z^2}\sqrt{b_x^2+b_y^2+b_z^2}}.$$

由上述的坐标表达式可知,两个向量 $\boldsymbol{a}$ 与 $\boldsymbol{b}$ 互相垂直的充要条件是

$$a_xb_x+a_yb_y+a_zb_z=0.$$

例 1　已知 $\boldsymbol{a}=\boldsymbol{i}+\boldsymbol{j},\boldsymbol{b}=\boldsymbol{i}+\boldsymbol{k}$,求(1) $\boldsymbol{a}\cdot\boldsymbol{b}$;(2) $\boldsymbol{a}$ 与 $\boldsymbol{b}$ 的夹角;(3) $\boldsymbol{a}$ 在 $\boldsymbol{b}$ 上的投影.

解　由公式得

(1) $\boldsymbol{a}\cdot\boldsymbol{b}=\{1,1,0\}\cdot\{1,0,1\}=1+0+0=1.$

(2)因为 $\boldsymbol{a}\cdot\boldsymbol{b}=|\boldsymbol{a}|\cdot|\boldsymbol{b}|\cos\theta,$

所以 $\cos\theta=\dfrac{\boldsymbol{a}\cdot\boldsymbol{b}}{|\boldsymbol{a}|\cdot|\boldsymbol{b}|}=\dfrac{1}{\sqrt{1^2+1^2+0^2}\sqrt{1^2+0^2+1^2}}=\dfrac{1}{2}$,得 $\theta=\dfrac{\pi}{3}$.

(3)由 $\boldsymbol{a}\cdot\boldsymbol{b}=|\boldsymbol{b}|\mathrm{Prj}_b\boldsymbol{a}$,得 $\mathrm{Prj}_b\boldsymbol{a}=\dfrac{\boldsymbol{a}\cdot\boldsymbol{b}}{|\boldsymbol{b}|}=\dfrac{1}{\sqrt{2}}=\dfrac{\sqrt{2}}{2}$

或 $\mathrm{Prj}_b\boldsymbol{a}=|\boldsymbol{a}|\cos\dfrac{\pi}{3}=\sqrt{1^2+1^2}\cos\dfrac{\pi}{3}=\sqrt{2}\times\dfrac{1}{2}=\dfrac{\sqrt{2}}{2}.$

例 2　在坐标面 xOy 上求一单位向量,使其与向量 $\boldsymbol{a}=-4\boldsymbol{i}+3\boldsymbol{j}+7\boldsymbol{k}$ 垂直.

解　因为所求向量在坐标面 xOy 上,故设为 $\boldsymbol{b}=\{x,y,0\}$.

由题意 $|\boldsymbol{b}|=1,\boldsymbol{a}\cdot\boldsymbol{b}=0$,即满足

$$\begin{cases}x^2+y^2=1,\\-4x+3y+7\times0=0,\end{cases}$$

解方程组得 $x=\pm\dfrac{3}{5},y=\pm\dfrac{4}{5}$,

故所求向量为　$\boldsymbol{b}=\dfrac{3}{5}\boldsymbol{i}+\dfrac{4}{5}\boldsymbol{j}$ 或 $\boldsymbol{b}=-\dfrac{3}{5}\boldsymbol{i}-\dfrac{4}{5}\boldsymbol{j}.$

例 3　设有一力 $\boldsymbol{F}$ 作用于某质点,其大小为 100 N,方向角分别为 $60°,60°,90°$,把质点从点 $A(1,3,-1)$ 沿直线移动到点 $B(6,5,7)$,求力 $\boldsymbol{F}$ 所做的功.

解　由于力 $\boldsymbol{F}$ 的方向角为 $60°,60°,90°$,所以与力 $\boldsymbol{F}$ 同向的单位向量为

$$\boldsymbol{F}^0=\cos60°\boldsymbol{i}+\cos60°\boldsymbol{j}+\cos90°\boldsymbol{k}=\dfrac{1}{2}\boldsymbol{i}+\dfrac{1}{2}\boldsymbol{j}.$$

又因为 $|\boldsymbol{F}|=100$,所以力 $\boldsymbol{F}$ 的坐标表达式为

$$\boldsymbol{F}=|\boldsymbol{F}|\boldsymbol{F}^0=100\left(\dfrac{1}{2}\boldsymbol{i}+\dfrac{1}{2}\boldsymbol{j}\right)=50\boldsymbol{i}+50\boldsymbol{j}.$$

又质点的位移向量为

$$\overrightarrow{AB}=(6-1)\boldsymbol{i}+(5-3)\boldsymbol{j}+[7-(-1)]\boldsymbol{k}=5\boldsymbol{i}+2\boldsymbol{j}+8\boldsymbol{k}.$$

力 $\boldsymbol{F}$ 所做的功为

$$W=\boldsymbol{F}\cdot\overrightarrow{AB}=50\times5+50\times2+0\times8=350(\mathrm{J}).$$

二、两向量的向量积

1. 向量积的定义

设 O 为一杠杆 L 的支点,力 $\boldsymbol{F}$ 作用于这杠杆上点 P 处,力 $\boldsymbol{F}$ 与 $\overrightarrow{OP}$ 的夹角为 θ(如图 2-

10),由物理知识可知,力 F 对支点的力矩是一个向量 M,它的模为 $|M| = |\overrightarrow{OQ}| \cdot |F| = |\overrightarrow{OP}| \cdot |F| \sin\theta$,向量 M 垂直于 $\overrightarrow{OP}$ 与力 F,且此三个向量 $\overrightarrow{OP}, F, M$ 依次符合右手法则(如图 2-11).

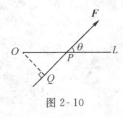

图 2-10

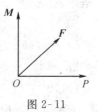

图 2-11

在工程技术中,有许多向量具有这样的特点. 对于这类向量,我们引入向量的向量积的概念.

定义 2 两个向量 a 与 b 的向量积是一个向量,记作 $a \times b$,其模与方向为

(1) $|a \times b| = |a| |b| \sin\theta$;

(2)向量 $a \times b$ 既垂直于 a 又垂直于 b,且 $a, b, a \times b$ 依次符合右手法则(图 2-12).

其中 θ 是两向量 a 与 b 的夹角. 向量积也称为向量的**叉积**或**外积**.

由向量积的定义,力 F 对 O 点的力矩 M 可表示为

$$M = \overrightarrow{OQ} \times F.$$

向量 a 和 b 的向量积的模 $|a \times b| = |a| |b| \sin\theta$ 的值等于以 a 与 b

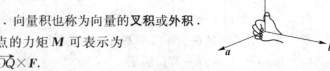

图 2-12

为邻边的平行四边形的面积(图 2-13),这是向量积的几何意义.

由定义可得向量积有以下性质:

(1) $a \times a = 0$;

(2)向量 a 和 b 平行的充要条件是 $a \times b = 0$;

(3) $i \times i = 0, j \times j = 0, k \times k = 0$,

$i \times j = k, j \times k = i, k \times i = j$,

$j \times i = -k, k \times j = -i, i \times k = -j$.

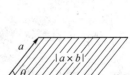

图 2-13

向量积满足下列运算律:

(1)反交换律 $a \times b = -b \times a$;

(2)左分配律 $a \times (b+c) = a \times b + a \times c$,

右分配律 $(a+b) \times c = a \times c + b \times c$;

(3)结合律 $(\lambda a) \times b = a \times (\lambda b) = \lambda(a \times b)$($\lambda$ 为实数).

注意向量积不满足交换律,即 $a \times b \neq b \times a$.

2. 向量积的坐标形式

设 $a = a_x i + a_y j + a_z k, b = b_x i + b_y j + b_z k$,利用向量积的性质及分配律,可得向量积的坐标表达式:

$$a \times b = (a_x i + a_y j + a_z k)(b_x i + b_y j + b_z k)$$
$$= a_x b_x(i \times i) + a_x b_y(i \times j) + a_x b_z(i \times j) +$$
$$a_y b_x(j \times i) + a_y b_y(j \times j) + a_y b_z(j \times k) +$$
$$a_z b_x(k \times i) + a_z b_y(k \times j) + a_z b_z(k \times k)$$

$$= (a_y b_z - a_z b_y)\boldsymbol{i} - (a_x b_z - a_z b_x)\boldsymbol{j} + (a_x b_y - a_y b_x)\boldsymbol{k}.$$

为了便于记忆,将 $\boldsymbol{a} \times \boldsymbol{b}$ 表示成一个三阶行列式:

$$\boldsymbol{a} \times \boldsymbol{b} = \begin{vmatrix} \boldsymbol{i} & \boldsymbol{j} & \boldsymbol{k} \\ a_x & a_y & a_z \\ b_x & b_y & b_z \end{vmatrix}.$$

由于 $\boldsymbol{a} \times \boldsymbol{b} = \boldsymbol{0}$ 是向量 $\boldsymbol{a}$ 与 $\boldsymbol{b}$ 平行的充要条件,结合上述坐标表达式,可得 $\boldsymbol{a}$ 与 $\boldsymbol{b}$ 平行的充要条件为

$$a_y b_z - a_z b_y = 0, a_x b_z - a_z b_x = 0, a_x b_y - a_y b_x = 0,$$

即

$$\frac{a_x}{b_x} = \frac{a_y}{b_y} = \frac{a_z}{b_z}.$$

当分母 b_x, b_y, b_z 中出现零时,我们约定相应的分子为零,例如

$$\frac{a_x}{0} = \frac{a_y}{b_y} = \frac{a_z}{b_z},$$

应理解为

$$a_x = 0, \frac{a_y}{b_y} = \frac{a_z}{b_z}.$$

补充知识:行列式

定义 1 由 4 个数 $a_{11}, a_{12}, a_{21}, a_{22}$ 构成的二行二列的式子

$$\begin{vmatrix} a_{11} & a_{12} \\ a_{21} & a_{22} \end{vmatrix}.$$

表示数值 $a_{11}a_{22} - a_{12}a_{21}$,称为二阶行列式. 即

$$\begin{vmatrix} a_{11} & a_{12} \\ a_{21} & a_{22} \end{vmatrix} = a_{11}a_{22} - a_{12}a_{21}.$$

例如

$$\begin{vmatrix} 5 & 2 \\ 7 & 3 \end{vmatrix} = 5 \times 3 - 2 \times 7 = 1.$$

定义 2 由 9 个数 $a_{ij}(i=1,2,3; j=1,2,3)$ 构成的三行三列的式子

$$\begin{vmatrix} a_{11} & a_{12} & a_{13} \\ a_{21} & a_{22} & a_{23} \\ a_{31} & a_{32} & a_{33} \end{vmatrix}$$

称为**三阶行列式**,规定:

$$\begin{vmatrix} a_{11} & a_{12} & a_{13} \\ a_{21} & a_{22} & a_{23} \\ a_{31} & a_{32} & a_{33} \end{vmatrix} = a_{11}\begin{vmatrix} a_{22} & a_{23} \\ a_{32} & a_{33} \end{vmatrix} - a_{12}\begin{vmatrix} a_{21} & a_{23} \\ a_{31} & a_{33} \end{vmatrix} + a_{13}\begin{vmatrix} a_{21} & a_{22} \\ a_{31} & a_{32} \end{vmatrix} =$$

$$a_{11}a_{22}a_{33} + a_{12}a_{23}a_{31} + a_{13}a_{21}a_{32} - a_{13}a_{22}a_{31} - a_{12}a_{21}a_{33} - a_{11}a_{23}a_{32}.$$

例如,计算三阶行列式

$$\begin{vmatrix} 2 & 1 & 2 \\ -4 & 3 & 1 \\ 2 & 3 & 5 \end{vmatrix} = 2 \cdot \begin{vmatrix} 3 & 1 \\ 3 & 5 \end{vmatrix} - 1 \cdot \begin{vmatrix} -4 & 1 \\ 2 & 5 \end{vmatrix} + 2 \cdot \begin{vmatrix} -4 & 3 \\ 2 & 3 \end{vmatrix} = 10.$$

计算向量的向量积为

$$a \times b = \begin{vmatrix} i & j & k \\ a_x & a_y & a_z \\ b_x & b_y & b_z \end{vmatrix} = \begin{vmatrix} a_y & a_z \\ b_y & b_z \end{vmatrix} i - \begin{vmatrix} a_x & a_z \\ b_x & b_z \end{vmatrix} j + \begin{vmatrix} a_x & a_y \\ b_x & b_y \end{vmatrix} k.$$

例 4 设 $a = -i + 2j - 2k, b = i + 3j - k$,计算 $a \times b$.

解 由向量积的定义,得

$$a \times b = \begin{vmatrix} i & j & k \\ -1 & 2 & -2 \\ 1 & 3 & -1 \end{vmatrix} = 4i - 3j - 5k.$$

例 5 求同时垂直于向量 $a = \{4, 5, 3\}$ 与 $b = \{2, 2, 1\}$ 的单位向量.

解 由向量积的定义可知,若 $a \times b = c$,则 c 同时垂直于 a 与 b,且

$$c = a \times b = \begin{vmatrix} i & j & k \\ 4 & 5 & 3 \\ 2 & 2 & 1 \end{vmatrix} = -i + 2j - 2k.$$

因此,与向量 $c = a \times b$ 平行的单位向量应有两个

$$c^o = \frac{c}{|c|} = \frac{a \times b}{|a \times b|} = \frac{-i + 2j - 2k}{\sqrt{(-1)^2 + 2^2 + (-2)^2}} = \frac{1}{3}(-i + 2j - 2k),$$

即 $c^o = -\frac{1}{3}i + \frac{2}{3}j - \frac{2}{3}k, -c^o = \frac{1}{3}i - \frac{2}{3}j + \frac{2}{3}k$ 为所求的单位向量.

例 6 已知 $\triangle ABC$ 的顶点为 $A(-1, 0, 3), B(3, 4, 5), C(3, 4, 3)$,求 $\triangle ABC$ 的面积.

解 由向量积的几何意义可知,$\triangle ABC$ 的面积

$$S_{\triangle ABC} = \frac{1}{2} |\overrightarrow{AB} \times \overrightarrow{AC}|$$

因为 $\overrightarrow{AB} = \{4, 4, 2\}, \overrightarrow{AC} = \{4, 4, 0\}$,所以

$$\overrightarrow{AB} \times \overrightarrow{AC} = \begin{vmatrix} i & j & k \\ 4 & 4 & 2 \\ 4 & 4 & 0 \end{vmatrix} = -8i + 8j.$$

故 $\triangle ABC$ 的面积 $S_{\triangle ABC} = \frac{1}{2} |\overrightarrow{AB} \times \overrightarrow{AC}| = \frac{1}{2} \sqrt{(-8)^2 + 8^2} = 4\sqrt{2}$.

例 7 已知力 $F = i - 2j + 4k$ 作用于点 $M_1(1, 2, -1)$ 处,求此力关于杠杆上另一支点 $M_2(2, -1, 3)$ 的力矩.

解 力矩 M 就是从支点 $M_2(2, -1, 3)$ 到作用点 $M_1(1, 2, -1)$ 的位移向量 $\overrightarrow{M_2M_1} = \{-1, 3, -4\}$ 与力 $F = i - 2j + 4k$ 的向量积

$$M = \overrightarrow{M_2M_1} \times F = \begin{vmatrix} i & j & k \\ -1 & 3 & -4 \\ 1 & -2 & 4 \end{vmatrix} = 4i - k.$$

习题 2—2

1. 设 $a = -i + 2j - 2k, b = 5i + 2j - 3k$,计算 $a \cdot b$.

2. 设 $a = \lambda i + j - 2k$，$b = 3i + 2j - 4k$，且 $a \cdot b = 4$，求 λ 的值．

3. 已知三点 $M(1,1,1)$，$A(2,2,1)$，$B(2,1,2)$，求 $\angle AMB$．

4. 已知 $a = 2i - 4j - 5k$，$b = i - 2j - k$，求 (1) $a \cdot b$；(2) a 与 b 的夹角；(3) a 在 b 上的投影．

5. 设有一力 $F = 2i - 3j + 5k$，把质点从点 $A(1,1,2)$ 沿直线移动到点 $B(3,4,5)$，求力 F 所做的功（力的单位为 N，位移的单位为 m）．

6. 设 $a = -i + 3j - 2k$，$b = 5i + 2j - k$，计算 $a \times b$．

7. 求同时垂直于向量 $a = \{1, -1, 4\}$ 与 $b = \{2, 1, -1\}$ 的单位向量．

8. 已知 $\triangle ABC$ 的顶点是 $A(1,2,3)$，$B(3,4,5)$，$C(2,4,7)$，试求 $\triangle ABC$ 的面积．

9. 已知力 $F = 2i - j + 3k$ 作用于点 $A(3,1,-1)$ 处，求此力关于杠杆上另一点 $B(1,-2,3)$ 的力矩．

第三节 空间平面与直线的方程

本节将在空间直角坐标系中建立平面和直线的方程，然后讨论平面、直线的相互位置关系．

一、空间平面的方程

1. 平面的点法式方程

设非零向量 n 垂直于平面 π，则称 n 为平面 π 的法向量．显然一个平面的法向量不是唯一的．

设平面 π 过点 $M_0(x_0, y_0, z_0)$，它的一个法向量为 $n = \{A, B, C\}$（A, B, C 不全为零），点 $M(x, y, z)$ 是平面 π 上任一点（如图 2-14），那么向量 $\overrightarrow{M_0M}$ 在平面 π 上，由于 $n \perp \pi$，所以 $n \perp \overrightarrow{M_0M}$，即 $n \cdot \overrightarrow{M_0M} = 0$．

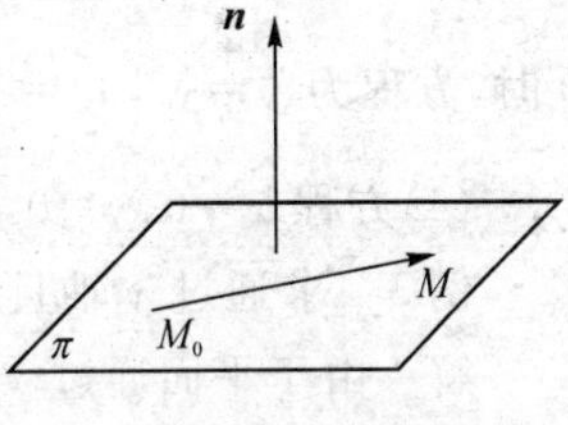

由于 $n = \{A, B, C\}$，$\overrightarrow{M_0M} = \{x - x_0, y - y_0, z - z_0\}$，所以有

$$A(x - x_0) + B(y - y_0) + C(z - z_0) = 0.$$

图 2-14

这就是平面 π 的方程．由于此方程是由平面上的一个已知点 $M_0(x_0, y_0, z_0)$ 及它的一个法向量 $n = \{A, B, C\}$ 所确定的，因此，称此方程为**平面的点法式方程**．

例 1 求过点 $M(1, -2, 2)$ 且与向量 $n = \{2, -3, 4\}$ 垂直的平面方程．

解 由平面的点法式方程，直接得所求平面的方程为

$$2(x - 1) - 3(y + 2) + 4(z - 2) = 0,$$

即

$$2x - 3y + 4z - 16 = 0.$$

2. 平面的一般式方程

将平面的点法式方程 $A(x - x_0) + B(y - y_0) + C(z - z_0) = 0$ 整理，可得关于 x, y, z 的三元一次方程

$$Ax + By + Cz + D = 0 \quad (A, B, C \text{ 不全为零}),$$

称为**平面的一般式方程**．

例 2 求通过三点 $A_1(a, 0, 0)$，$A_2(0, b, 0)$，$A_3(0, 0, c)$ 的平面的方程（其中 a, b, c 均不为

零).

解 设所求平面的方程为 $Ax+By+Cz+D=0$,因为 $A_1(a,0,0),A_2(0,b,0),A_3(0,0,c)$ 都在该平面上,所以其坐标都满足方程,代入

得

$$\begin{cases} aA+D=0, \\ bB+D=0, \\ cC+D=0. \end{cases}$$

解得

$$A=-\frac{D}{a},B=-\frac{D}{b},C=-\frac{D}{c}.$$

将其代入所设方程,整理得

$$\frac{x}{a}+\frac{y}{b}+\frac{z}{c}=1.$$

这个方程称为**平面的截距式方程**,a,b,c 分别称为平面在 x,y,z 轴上的**截距**.

下面讨论平面的一般式方程的一些特殊情况.

(1)当 $D=0$ 时,方程变为 $Ax+By+Cz=0$,此时平面过原点.

(2)当 $A=0$ 时,方程变为 $By+Cz+D=0$,该平面平行于 x 轴;

同理,当 $B=0$ 时,方程变为 $Ax+Cz+D=0$,平面平行于 y 轴;当 $C=0$ 时,方程变为 $Ax+By+D=0$,平面平行于 z 轴.

(3)当 $A=B=0$ 时,方程变为 $Cz+D=0$,即 $z=z_0 \left(z_0=-\frac{D}{C}\right)$,此时平面平行于 xOy 坐标面.同理,当 $B=C=0$ 时,方程为 $x=x_0 \left(x_0=-\frac{D}{A}\right)$,平面平行于 yOz 坐标面;当 $A=C=0$ 时,方程为 $y=y_0 \left(x_0=-\frac{D}{B}\right)$,平面平行于 xOz 坐标面.

(4)方程 $x=0,y=0,z=0$ 分别表示坐标面 yOz,xOz,xOy.

例 3 求通过 y 轴且过点 $(1,-5,2)$ 的平面方程.

解 由于平面通过 y 轴,所以设其方程为

$$Ax+Cz=0,$$

又平面过点 $(1,-5,2)$,所以有 $A+2C=0$,即 $A=-2C$,

将其代入所设方程 $-2Cx+Cz=0$,整理得 $2x-z=0$,

即所求的平面方程为 $2x-z=0$.

在平面直角坐标系中,点 $M_0(x_0,y_0)$ 到直线 $Ax+By+C=0$ 的距离为

$$d=\frac{|Ax_0+By_0+C|}{\sqrt{A^2+B^2}}.$$

以此类推得,空间中点 $M_0(x_0,y_0,z_0)$ 到平面 $Ax+By+Cz+D=0$ 的距离公式为

$$d=\frac{|Ax_0+By_0+Cz_0+D|}{\sqrt{A^2+B^2+C^2}}.$$

例 4 求点 $A(2,-1,3)$ 到平面 $x-2y-2z+11=0$ 的距离.

解 由点到平面的距离公式

$$d=\frac{|Ax_0+By_0+Cz_0+D|}{\sqrt{A^2+B^2+C^2}}=\frac{|2-2(-1)-2\times3+11|}{\sqrt{1^2+(-2)^2+(-2)^2}}=3.$$

二、空间直线的方程

1. 直线的点向式方程

设非零向量 s 平行于直线 L，则称 s 为直线 L 的一个**方向向量**. 显然，直线 L 上任一向量都平行于该直线的方向向量 s.

已知直线 L 上一点 $M_0(x_0, y_0, z_0)$ 和它的一个方向向量 $s = \{m, n, p\}$，此时直线 L 的位置就确定了（如图 2-15），下面求此直线的方程.

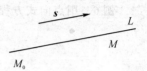

图 2-15

设点 $M(x, y, z)$ 为直线 L 上任意一点，则
$\overrightarrow{M_0 M} = \{x - x_0, y - y_0, z - z_0\}$ 且 $\overrightarrow{M_0 M} /\!/ s$，
因此有

$$\frac{x - x_0}{m} = \frac{y - y_0}{n} = \frac{z - z_0}{p},$$

这就是直线 L 的方程，称为**直线 L 的点向式方程**，或**直线 L 的对称式方程**.

例 5 一直线通过两点 $A(1, 2, -3)$，$B(3, -1, 0)$，求此直线方程.

解 因为此直线的方向向量 $s /\!/ \overrightarrow{AB}$，所以取 $s = \overrightarrow{AB} = \{3-1, -1-2, 0+3\}$ 即 $s = \{2, -3, 3\}$，在点 A 与 B 中任取一点，不妨取 $A(1, 2, -3)$，由直线的点向式方程得

$$\frac{x-1}{2} = \frac{y-2}{-3} = \frac{z+3}{3},$$

为所求的直线方程.

可以看到，空间直线的方程是一个三元一次方程组.

如果在点向式方程中，m, n, p 中有一个为 0 时，如 $m = 0$，而 $n, p \neq 0$，这时方程组应理解为

$$\begin{cases} x - x_0 = 0, \\ \dfrac{y - y_0}{n} = \dfrac{z - z_0}{p}, \end{cases}$$

当 m, n, p 中有两个为 0 时，如 $m = n = 0$，而 $p \neq 0$，这时方程组应理解为

$$\begin{cases} x - x_0 = 0, \\ y - y_0 = 0. \end{cases}$$

当然 m, n, p 不可能均为 0.

2. 空间直线的参数式方程

在直线的点向式方程中，令其等于 t，即 $\dfrac{x - x_0}{m} = \dfrac{y - y_0}{n} = \dfrac{z - z_0}{p} = t$，

则

$$\begin{cases} x = x_0 + mt, \\ y = y_0 + nt, \\ z = z_0 + pt. \end{cases}$$

当 t 取不同的值时，就对应得到直线上不同的点，此式称为**直线 L 的参数式方程**，t 称为**参数**.

3. 直线的一般式方程

空间直线 L 可以看作两个平面的交线，如果两个相交平面 π_1 和 π_2 的方程分别为 $A_1 x +$

$B_1 y + C_1 z + D_1 = 0$ 和 $A_2 x + B_2 y + C_2 z + D_2 = 0 (A_1, B_1, C_1$ 与 A_2, B_2, C_2 不成比例$)$,那么空间直线 L 上任一点的坐标应满足方程组

$$\begin{cases} A_1 x + B_1 y + C_1 z + D_1 = 0, \\ A_2 x + B_2 y + C_2 z + D_2 = 0. \end{cases}$$

此方程组称为**直线的一般式方程**.

例 6 用点向式方程及参数方程表示直线.

$$\begin{cases} x + y + z + 1 = 0, \\ 2x - y + 3z + 4 = 0. \end{cases}$$

解 在直线上取一点,如取 $x = 1$,得 $\begin{cases} y + z = -2, \\ y - 3z = 6. \end{cases}$

解之得 $y = 0, z = -2$,即点 $(1, 0, -2)$ 是直线上的一点.

而直线的方向向量 s,既垂直于平面 $x + y + z + 1 = 0$ 的法向量 $n_1 = \{1, 1, 1\}$,又垂直于平面 $2x - y + 3z + 4 = 0$ 的法向量 $n_2 = \{2, -1, 3\}$,所以

$$s = n_1 \times n_2 = \begin{vmatrix} i & j & k \\ 1 & 1 & 1 \\ 2 & -1 & 3 \end{vmatrix} = \{4, -1, -3\}.$$

故直线的点向式方程为 $\dfrac{x-1}{4} = \dfrac{y}{-1} = \dfrac{z+2}{-3}$.

令 $\dfrac{x-1}{4} = \dfrac{y}{-1} = \dfrac{z+2}{-3} = t$,得所给直线的参数方程为

$$\begin{cases} x = 1 + 4t, \\ y = -t, \\ z = -2 - 3t. \end{cases}$$

例 7 求过点 $(-1, -3, 2)$,与两平面 $2x - y - z = 2$ 和 $3x + 4y - 3 = 0$ 的交线平行的直线方程.

解 已知两平面交线的方向向量就是所求直线的方向向量 s.而两平面的法向量分别为 $n_1 = \{2, -1, -1\}, n_2 = \{3, 4, 0\}$,于是

$$s = n_1 \times n_2 = \begin{vmatrix} i & j & k \\ 2 & -1 & -1 \\ 3 & 4 & 0 \end{vmatrix} = 4i + 3j + 11k.$$

因此,所求直线的方程为 $\dfrac{x+1}{4} = \dfrac{y+3}{3} = \dfrac{z-2}{11}$.

习题 2—3

1. 求过点 $(1, -3, -2)$ 且与平面 $x - 2y + 3z - 4 = 0$ 平行的平面方程.

2. 求过三点 $A(2, -1, 4), B(-1, 3, -2), C(0, 2, 3)$ 的平面方程.

3. 求过 z 轴及点 $M(2, 4, -1)$ 的平面方程.

4. 一平面通过 y 轴,且与平面 $x + y + z = 0$ 垂直,求此平面方程.

5. 一平面通过两点 $M_1(1, 1, 1)$ 和 $M_2(0, 1, -1)$,且与平面 $x + y + z = 1$ 垂直,求此平面

方程.

6. 点 $(1,2,\lambda)$ 到平面 $x+y-z+1=0$ 的距离为 $\sqrt{3}$,求 λ 的值.

7. 求过点 $M_1(1,-2,3)$ 和 $M_2(4,-3,5)$ 的直线方程.

8. 求通过点 $M(-2,4,1)$ 且与 z 轴平行的直线方程.

9. 用点向式方程表示直线 $\begin{cases} x-2y+3z-3=0, \\ 3x+y-2z+5=0. \end{cases}$

10. 求与两平面 $x-4z-3=0$ 和 $2x-y-5z-1=0$ 的交线平行,且过点 $(-3,2,5)$ 的直线方程.

第四节 曲面方程

一、曲面方程的概念

在平面解析几何中,任何平面曲线都可看作点的几何轨迹. 在空间解析几何中,把曲面看作是空间中点的几何轨迹(如图 2-16).

如果曲面 S 上每一点的坐标都满足方程 $F(x,y,z)=0$,而不在曲面 S 上的点的坐标都不满足这个方程,则称方程 $F(x,y,z)=0$ 为**曲面 S 的方程**,而称曲面 S 为此方程的**图形**.

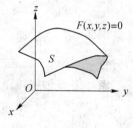

图 2-16

例 1 试求球心为点 $M_0(x_0,y_0,z_0)$,半径为 R 的球面方程.

解 设 $M(x,y,z)$ 是球面上任一点,则有 $|\overrightarrow{M_0M}|=R$,即

$$\sqrt{(x-x_0)^2+(y-y_0)^2+(z-z_0)^2}=R,$$

两边平方,得 $\qquad (x-x_0)^2+(y-y_0)^2+(z-z_0)^2=R^2.$

显然,球面上任一点的坐标都满足这个方程,而不在球面上的点的坐标都不满足这个方程,所以,此方程就是以 $M_0(x_0,y_0,z_0)$ 为球心, R 为半径的**球面的标准方程**.

以原点为球心,半径为 R 的球面方程为

$$x^2+y^2+z^2=R^2.$$

将球面的标准方程式展开得

$$x^2+y^2+z^2-2x_0x-2y_0y-2z_0z-R^2+x_0^2+y_0^2+z_0^2=0.$$

因此,球面方程具有下列两个特点:

(1)它是关于 x,y,z 的二次方程,且方程中缺 xy,yz,zx 三项;

(2) x^2,y^2,z^2 的系数相同.

具有上述特点的二次方程在一般情况下表示一个球面.

二、旋转曲面的方程

一条平面曲线绕其平面上的定直线旋转一周所形成的曲面,称为**旋转曲面**,平面曲线称为**旋转曲面的母线**,定直线称为**旋转曲面的轴**.

设在 yOz 坐标面上有一母线 C ,其方程为 $f(y,z)=0$,求其绕 z 轴旋转一周所形成的旋

转曲面的方程(如图 2-17).

设 $M(x,y,z)$ 为旋转曲面上任一点,它是母线 C 上点 $M_1(0, y_1,z_1)$ 绕 z 轴旋转而得到的,有

$$|O'M| = |O'M_1|,$$

因为 $|O'M| = \sqrt{x^2+y^2}$,$|O'M_1| = |y_1|$,

所以 $\qquad\qquad y_1 = \pm\sqrt{x^2+y^2}, z = z_1.$

又由于 M_1 在曲线 C 上,所以有 $f(y_1,z_1)=0$,

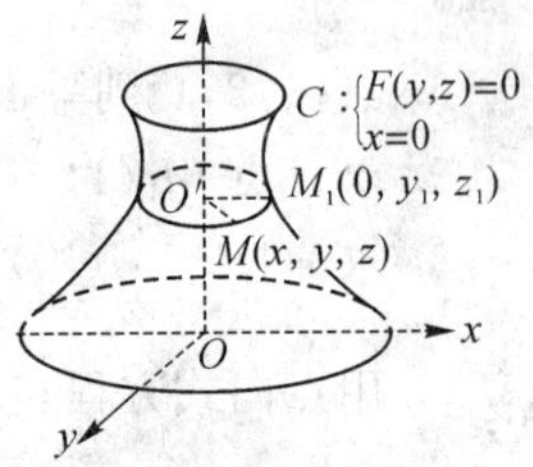

得旋转曲面方程为 $\qquad\qquad f(\pm\sqrt{x^2+y^2},z)=0.$

图 2-17

由此可见,旋转曲面方程就是把母线 C 的方程 $f(y,z)=0$ 中的 y 换成 $\pm\sqrt{x^2+y^2}$,而 z 保持不变.

同理,曲线 C 绕 y 轴旋转而形成的旋转曲面方程为

$$f(y,\pm\sqrt{x^2+z^2})=0.$$

例 2 将 xOy 面上的椭圆 $\dfrac{x^2}{a^2}+\dfrac{y^2}{b^2}=1$ 分别绕 x,y 轴旋转一周,求所旋转成的旋转曲面的方程.

解 绕 x 轴旋转而成的旋转曲面的方程为

$$\frac{x^2}{a^2}+\frac{y^2}{b^2}+\frac{z^2}{b^2}=1.$$

绕 y 轴旋转而成的旋转曲面的方程为

$$\frac{x^2}{a^2}+\frac{y^2}{b^2}+\frac{z^2}{a^2}=1.$$

这两种曲面都叫做**旋转椭球面**.

三、柱面方程

动直线 L 沿一条定曲线 C 平行移动所形成的轨迹叫做**柱面**.动直线 L 称为柱面的**母线**,定曲线 C 称为柱面的**准线**(如图 2-18).

现在来建立以 xOy 面的曲线 $C:f(x,y)=0$ 为准线,以平行于 z 轴的直线 L 为母线的柱面方程.

在柱面上任取一点 $M(x,y,z)$,过 M 作平行于 z 轴的直线,则该直线交 xOy 坐标面为点 $M'(x,y,0)$,由柱面定义知 M' 必在准线 C 上,故有 $f(x,y)=0$,由于方程 $f(x,y)=0$ 不含 z,所以点 $M(x,y,z)$ 也满足方程 $f(x,y)=0$. 反之,不在柱面上的点的坐标不满足 $f(x,y)=0$.

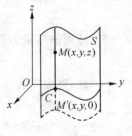

图 2-18

因此,方程 $f(x,y)=0$ 在空间表示母线平行于 z 轴的柱面.

方程 $x^2+y^2=R^2$ 表示一个柱面,它的母线平行于 z 轴,准线是 xOy 面上一个以原点为中心,半径为 R 的圆,这柱面叫做**圆柱面**;

方程 $\dfrac{x^2}{a^2}+\dfrac{z^2}{b^2}=1$ 表示母线平行于 y 轴,准线是 xOz 平面上的椭圆 $\dfrac{x^2}{a^2}+\dfrac{z^2}{b^2}=1$ 的柱面,这柱面叫做**椭圆柱面**;

方程 $-\dfrac{y^2}{a^2}+\dfrac{z^2}{b^2}=1$ 表示母线平行于 x 轴,准线为 yOz 面上的双曲线 $-\dfrac{y^2}{a^2}+\dfrac{z^2}{b^2}=1$ 的柱面,这柱面叫做**双曲柱面**.

同理,只含有 y,z 而缺 x 方程 $g(y,z)=0$ 和只含有 x,z 而缺 y 方程 $h(x,z)=0$ 分别表示母线平行于 x 轴和 y 轴的柱面.

四、二次曲面

在空间解析几何中,把三元二次方程所表示的曲面称为二次曲面. 例如,球面、圆柱面都是二次曲面. 平面称为一次曲面.

下面给出几种常见的二次曲面的方程.

1. 椭球面 方程 $\dfrac{x^2}{a^2}+\dfrac{y^2}{b^2}+\dfrac{z^2}{c^2}=1\,(a>0,b>0,c>0)$(且 a,b,c 不全为零)(如图 2-19).

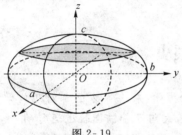

图 2-19

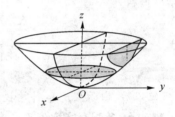

图 2-20

2. 椭圆抛物面 方程为 $\dfrac{x^2}{a^2}+\dfrac{y^2}{b^2}=z\,(a>0,b>0)$(如图 2-20).

当 $a=b$ 时,椭圆抛物面方程变为 $x^2+y^2=a^2z$ 此时曲面称为**旋转抛物面**.

3. 单叶双曲面 方程为 $\dfrac{x^2}{a^2}+\dfrac{y^2}{b^2}-\dfrac{z^2}{c^2}=1$(如图 2-21).

图 2-21

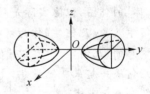

图 2-22

4. 双叶双曲面 方程为 $\dfrac{x^2}{a^2}-\dfrac{y^2}{b^2}+\dfrac{z^2}{c^2}=-1$(如图 2-22).

其他二次曲面的方程在这里就不介绍了,有兴趣的同学可以查阅有关书籍. 另外,想了解空间曲面方程表示怎样的图形,我们可以通过数学软件 MATLAB 画出,本书第五章 MATLAB 数学实验有关于这方面知识的介绍.

习题 2-4

1. 求以点 $(1,-4,2)$ 为球心,且通过点 $(5,-1,2)$ 的球面方程.

2. 方程 $x^2+y^2+z^2+2x-6z=0$ 表示什么曲面?

3. 将 xOz 坐标面上的圆 $x^2+z^2=16$ 绕 z 轴旋转一周,求所生成的旋转曲面的方程.

4. 将 yOz 坐标面上的抛物线 $z^2=4y$ 绕 y 轴旋转一周,求所生成的旋转曲面的方程.

5. 将 xOy 坐标面上的双曲线 $4x^2-9y^2=1$ 分别绕 x 轴与 y 轴旋转一周,求所生成的旋转曲面的方程.

6. 指出下列方程在平面解析几何中和空间解析几何中分别表示什么图形.

(1) $x=0$;　　　　(2) $y=2x$;　　　　(3) $x^2+y^2=9$;

(4) $x^2+4y^2=16$;　　(4) $x^2-y^2=1$;　　(5) $y=x^2$.

7. 指出下列方程所表示的曲面.

(1) $\dfrac{x^2}{4}+\dfrac{y^2}{9}+\dfrac{z^2}{4}=1$;　　(2) $\dfrac{x^2}{9}+\dfrac{y^2}{16}-\dfrac{z^2}{9}=1$;

(3) $\dfrac{x^2}{4}+\dfrac{y^2}{9}=3z$;　　(4) $x^2-y^2-z^2=1$.

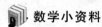 **数学小资料**

解析几何的发展史

16 世纪以后,由于生产和科学技术的发展,天文、力学、航海等方面都对几何学提出了新的需要. 比如,德国天文学家开普勒发现行星是绕着太阳沿着椭圆轨道运行的,太阳处在这个椭圆的一个焦点上;意大利科学家伽利略发现投掷物体是沿着抛物线运动的. 这些发现都涉及到圆锥曲线,要研究这些比较复杂的曲线,原先的一套方法显然已经不合适了,这就导致了解析几何的出现.

1637 年,法国的哲学家和数学家笛卡儿发表了他的著作《几何学》. 当时的这个"几何学"实际上指的是数学,就像我国古代"算术"和"数学"是一个意思一样.

笛卡儿的《几何学》共分三卷,第一卷讨论尺规作图;第二卷是曲线的性质;第三卷是立体和"超立体"的作图,但他实际是代数问题,探讨方程的根的性质. 后世的数学家和数学史学家都把笛卡儿的《几何学》作为解析几何的起点.

从笛卡儿的《几何学》中可以看出,笛卡儿的中心思想是建立起一种"普遍"的数学,把算术、代数、几何统一起来. 他设想,先把任何数学问题化为一个代数问题,再把任何代数问题归结到去解一个方程式.

为了实现上述的设想,笛卡儿从天文和地理的经纬制度出发,指出平面上的点和实数对 (x,y) 的对应关系. (x,y) 的不同数值可以确定平面上许多不同的点,这样就可以用代数的方法研究曲线的性质,这就是解析几何的基本思想.

具体地说,平面解析几何的基本思想有两个要点:第一,在平面建立坐标系,一点的坐标与一组有序的实数对相对应;第二,在平面上建立了坐标系后,平面上的一条曲线就可由带两个变数的一个代数方程来表示了. 从这里可以看到,运用坐标法不仅可以把几何问题通过代数的方法解决,而且还把变量、函数以及数和形等重要概念密切联系起来.

在数学史上,一般认为和笛卡儿同时代的法国业余数学家费尔马也是解析几何的创建者之一,应该分享这门学科创建的荣誉.

费尔马是一个业余从事数学研究的学者,对数论、解析几何、概率论三个方面都有重要贡献. 他性情谦和,好静成癖,对自己所写的"书"无意发表. 但从他的通信中知道,他早在笛卡儿发表《几何学》以前，就已经写了关于解析几何的小文，就已经有了解析几何的思想．只是直到 1679 年，费尔马死后，他的思想和著述才从给友人的通信中公开发表．

　　笛卡儿的《几何学》，重要的是引入了新的思想，为开辟数学新园地做出了贡献．

　　在解析几何中，首先是建立坐标系．除了直角坐标系外，还有斜坐标系、极坐标系、空间直角坐标系等等．在空间坐标系中还有球坐标和柱面坐标．

　　坐标系将几何对象和数、几何关系和函数之间建立了密切的联系，这样就可以对空间形式的研究归结成比较成熟也容易驾驭的数量关系的研究了．用这种方法研究几何学，通常就叫做解析法．这种解析法不但对于解析几何是重要的，而且对于几何学的各个分支的研究也是十分重要的．

　　解析几何的创立，引入了一系列新的数学概念，特别是将变量引入数学，使数学进入了一个新的发展时期，这就是变量数学的时期．解析几何在数学发展中起了推动作用．恩格斯对此曾经作过评价"数学中的转折点是笛卡儿的变数，有了变数，运动进入了数学；有了变数，辩证法进入了数学；有了变数，微分和积分也就立刻成为必要的了……"

　　解析几何又分为平面解析几何和空间解析几何．

　　在平面解析几何中，除了研究有关直线的性质外，主要是研究圆锥曲线（圆、椭圆、抛物线、双曲线）的有关性质．

　　在空间解析几何中，除了研究平面、直线的有关性质外，主要研究柱面、锥面、旋转曲面的有关性质．

　　椭圆、双曲线、抛物线的有些性质，在生产或生活中被广泛应用．比如电影放映机的聚光灯泡的反射面是椭圆面，灯丝在一个焦点上，影片门在另一个焦点上；探照灯、聚光灯、太阳灶、雷达天线、卫星的天线、射电望远镜等都是利用抛物线的原理制成的．

　　总的来说，解析几何运用坐标法可以解决两类基本问题：一类是满足给定条件点的轨迹，通过坐标系建立它的方程；另一类是通过方程的讨论，研究方程所表示的曲线性质．

　　运用坐标法解决问题的步骤是：首先在平面上建立坐标系，把已知点的轨迹的几何条件"翻译"成代数方程；然后运用代数工具对方程进行研究；最后把代数方程的性质用几何语言叙述，从而得到原先几何问题的答案．

　　坐标法的思想促使人们运用各种代数的方法解决几何问题．先前被看作几何学中的难题，一旦运用代数方法后就变得平淡无奇了．

　　解析几何是数学中最基本的学科之一，也是科学技术中最基本的数学工具之一．

　　现代解析几何的研究方法是多样的，除了坐标法，还有向量法等，研究对象也不仅仅是简单的二维三维的情况，而是更广泛的内容了．

第三章 二元函数微积分

【内容提要】在上册中我们介绍了一元函数微积分,多元函数微积分是一元函数微积分的推广,其概念和性质有许多相似之处.本章我们以二元函数为研究对象,介绍其微积分方法及其简单应用.

【预备知识】一元函数微分学,一元函数积分学.

【学习目标】

1. 了解二元函数的极限、连续性等基本概念,理解偏导数、全微分等概念,了解偏导数的几何意义;

2. 理解二元函数的复合函数的求导法则与隐函数的求导法则;

3. 会求二元函数偏导数、全微分;

4. 了解二元函数偏导数的应用;

5. 了解二重积分的定义及几何意义;

6. 会在直角坐标系下计算二重积分的方法;了解参数方程和极坐标系下计算二重积分的方法.

第一节 二元函数的极限与连续

一、二元函数的定义

在许多实际问题中往往需要研究因变量与两个自变量之间的关系,即因变量的值依赖于两个自变量.

例 1 若矩形薄板长为 x、宽为 y,则该矩形薄板的面积 z 表示为

$$z = xy.$$

例 2 若某产品的单位售价和销售数量分别为 p,q,则销售额 R 表示为

$$R = p \cdot q.$$

类似的实际问题很多,我们从中抽象出二元函数的定义.

定义 1 设 D 是 xOy 平面上的一个非空点集,如果对于每个点 $P(x,y) \in D$,变量 z 按照一定的法则总有唯一确定的实数与之对应,则称 z 是变量 x,y 的**二元函数**,记为 $z = f(x,y)$.

x,y 称为**自变量**,z 称为**因变量**,集合 D 称为函数 $f(x,y)$ 的**定义域**,对应的函数值集合 $z = \{z \mid z = f(x,y), (x,y) \in D\}$ 称为函数 $f(x,y)$ 的**值域**.

一般地,二元函数 $z = f(x,y)$ 的定义域 D 在空间直角坐标系中 xOy 面上是一个平面区域,即 D 为 xOy 面上满足某些条件的点集.

围成平面区域的曲线称为该区域的**边界**. 包含边界的平面区域称为**闭区域**, 不包含边界的平面区域称为**开区域**. 包含部分边界的平面区域称为**半开区域**. 如果一个平面区域总可以被包含在以原点为圆心的一个圆型区域内部, 则此区域称为**有界区域**, 否则, 称为**无界区域**.

一般地, 一元函数的定义域是 x 轴上的点集, 可以用区间表示. 而二元函数的定义域要复杂得多.

例 1 中二元函数 $z=xy$ 的定义域如图 3-1(a)所示, 为

$$D=\{(x,y)\,|\,x>0,y>0\}.$$

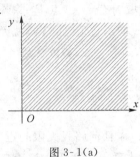

图 3-1(a)

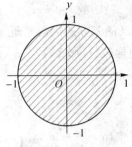

图 3-1(b)

例 3 二元函数 $z=\arcsin(x^2+y^2)$ 的定义域如图 3-1(b)所示, 为

$$D=\{(x,y)\,|\,x^2+y^2\leqslant 1\}.$$

二、二元函数的图形

一元函数 $z=f(x)$ 在平面直角坐标系中的图形通常是一条曲线, 而二元函数 $z=f(x,y)$ 则表示空间直角坐标系中的一个曲面.

设函数 $z=f(x,y)$ 的定义域为 D, 对于任意取定的点 $P(x,y)\in D$, 对应的函数值为 $z=f(x,y)$, 这样, 以 x 为横坐标、y 为纵坐标、z 为竖坐标在空间就确定一点 $M(x,y,z)$, 当 (x,y) 取遍 D 上一切点时, 得一个空间点集

$$\{(x,y,z)\,|\,z=f(x,y),(x,y)\in D\},$$

这个点集, 称为**二元函数 $z=f(x,y)$ 的图形**, 如图 3-2 所示.

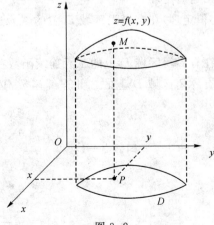

图 3-2

一般地,我们习惯称二元函数是一个曲面.

三、二元函数的极限与连续性

一元函数的极限和连续的概念可以推广到二元函数的情形.

定义 2 设 $P_0(x_0, y_0)$ 是 xOy 平面上的一个点,δ 是某一正数,以 $P_0(x_0, y_0)$ 为圆心,δ 为半径的开圆域

$$\{(x, y) \mid \sqrt{(x-x_0)^2 + (y-y_0)^2} < \delta\}$$

称为点 $P_0(x_0, y_0)$ 的 δ 邻域.

定义 3 设函数 $z = f(x, y)$ 在点 $P_0(x_0, y_0)$ 的某一邻域内有定义(点 P_0 除外),如果动点 $P(x, y)$ 以任何方式无限趋近于定点 $P_0(x_0, y_0)$ 时,对应的函数值 $f(x, y)$ 就无限接近于唯一确定的常数 A,那么称当 (x, y) 无限趋近于 (x_0, y_0) 时,函数 $f(x, y)$ 以常数 A 为**极限**,记作

$$\lim_{(x,y) \to (x_0, y_0)} f(x, y) = A \left[\text{或} \lim_{\substack{x \to x_0 \\ y \to y_0}} f(x, y) = A \right].$$

定义式中 $(x, y) \to (x_0, y_0)$,是指平面上的动点 $P(x, y)$ 以任何路径无限趋近于定点 $P_0(x_0, y_0)$,这比一元函数极限的定义中 $x \to x_0$ 要复杂得多,本教材不再深入讨论二元函数的极限问题,感兴趣的读者请参看其他教材.

定义 4 设函数 $z = f(x, y)$ 在点 $P_0(x_0, y_0)$ 的某一邻域内有定义,并且

$$\lim_{(x,y) \to (x_0, y_0)} f(x, y) = f(x_0, y_0) \left[\text{或} \lim_{\substack{x \to x_0 \\ y \to y_0}} f(x, y) = f(x_0, y_0) \right],$$

则称函数 $z = f(x, y)$ 在点 $P_0(x_0, y_0)$ 处**连续**;否则,称函数 $z = f(x, y)$ 在点 $P_0(x_0, y_0)$ 处**间断**,此时点 $P_0(x_0, y_0)$ 称为函数 $z = f(x, y)$ 的**间断点**.

若函数 $z = f(x, y)$ 在平面区域 D 内的每一点都连续,则称函数 $z = f(x, y)$ **在区域 D 内连续**.

若二元函数在平面区域 D 内连续,则二元函数的图形是对应于平面区域 D 上的空间中的**连续曲面**.

在有界闭区域 D 上连续的二元函数也有类似于一元连续函数在闭区间上所满足的定理.下面我们不加证明地列出这些定理.

定理 1 (最大值和最小值定理)在有界闭区域 D 上的二元连续函数,在 D 上能取得它的最大值和最小值.

定理 2 (有界性定理)在有界闭区域 D 上的二元连续函数在 D 上一定有界.

定理 3 (介值定理)在有界闭区域 D 上的二元连续函数,必取得介于最大值和最小值之间的任何值.

习题 3—1

1. 求下列函数的定义域:

$(1) z = \ln(1 - x^2 - y^2)$;

$(2) z = \dfrac{1}{\sqrt{x+y}} + \dfrac{1}{\sqrt{x-y}}$;

(3) $z = \arcsin \dfrac{x}{2} + \arcsin \dfrac{y}{3}$;   (4) $z = \ln(y-x) + \dfrac{\sqrt{x}}{\sqrt{1-x^2-y^2}}$;

(5) $z = \sqrt{x-y+1}$.

2. 设 $f(x,y) = x^2 + xy + y^2$, 求 $f(1,2)$.

3. 已知 $f(x,y) = 3x + 2y$, 求 $f[xy, f(x,y)]$.

第二节　偏导数与全微分

一、一阶偏导数

我们由一元函数 $y = f(x)$ 的变化率问题引入了导数的概念,对于二元函数 $z = f(x,y)$,同样需要研究它的变化率问题. 因为函数 $z = f(x,y)$ 有两个自变量,因变量与自变量的关系要比一元函数复杂得多,所以我们仅考虑二元函数关于其中一个自变量的变化率. 如把自变量 y 固定(即看作常量),这时二元函数 $z = f(x,y)$ 就是 x 的一元函数,此时,对 x 的导数就称为二元函数 $z = f(x,y)$ 对于 x 的偏导数.

1. 偏增量和全增量

设函数 $z = f(x,y)$ 在点 $P_0(x_0, y_0)$ 的某一邻域内有定义,当自变量 x 在 x_0 处有改变量 $\Delta x(\Delta x \neq 0)$,而自变量 $y = y_0$ 保持不变时,函数相应的改变量

$$f(x_0 + \Delta x, y_0) - f(x_0, y_0),$$

称为函数 $f(x,y)$ **关于 x 的偏增量**,记作 $\Delta_x z$,即

$$\Delta_x z = f(x_0 + \Delta x, y_0) - f(x_0, y_0).$$

类似地,函数 $f(x,y)$ **关于 y 的偏增量**为

$$\Delta_y z = f(x_0, y_0 + \Delta y) - f(x_0, y_0).$$

当自变量 x, y 分别在 x_0, y_0 处取得相应的改变量 $\Delta x, \Delta y$ 时,函数相应的改变量

$$\Delta z = f(x_0 + \Delta x, y_0 + \Delta y) - f(x_0, y_0)$$

称为函数 $f(x,y)$ 的**全增量**.

2. 偏导数

定义 1　设函数 $z = f(x,y)$ 在点 $P_0(x_0, y_0)$ 的某一邻域内有定义,若

$$\lim_{\Delta x \to 0} \frac{f(x_0 + \Delta x, y_0) - f(x_0, y_0)}{\Delta x}$$

存在,则称此极限为函数 $f(x,y)$ 在点 $P_0(x_0, y_0)$ 处**对 x 的偏导数**,记作

$$\frac{\partial z}{\partial x}\Big|_{\substack{x=x_0\\y=y_0}}, \frac{\partial f}{\partial x}\Big|_{\substack{x=x_0\\y=y_0}}, z_x\Big|_{\substack{x=x_0\\y=y_0}} \text{ 或 } f_x(x_0, y_0).$$

类似地,定义函数 $z = f(x,y)$ 在点 $P_0(x_0, y_0)$ 处**对 y 的偏导数**为

$$\lim_{\Delta y \to 0} \frac{f(x_0, y_0 + \Delta y) - f(x_0, y_0)}{\Delta y},$$

记作

$$\frac{\partial z}{\partial y}\Big|_{\substack{x=x_0\\y=y_0}}, \frac{\partial f}{\partial y}\Big|_{\substack{x=x_0\\y=y_0}}, z_y\Big|_{\substack{x=x_0\\y=y_0}} \text{ 或 } f_y(x_0, y_0).$$

如果函数 $z=f(x,y)$ 在区域 D 内任一点 $P(x,y)$ 处对 x 的偏导数都存在,那么这个偏导数就是 x,y 的函数,将其称为函数 $z=f(x,y)$ 对自变量 x 的**偏导函数**,简称为对自变量 x 的**偏导数**,记作

$$\frac{\partial z}{\partial x}, \frac{\partial f}{\partial x}, z_x \text{ 或 } f_x(x,y).$$

类似地,定义函数 $z=f(x,y)$ 对自变量 y **的偏导数**,记作

$$\frac{\partial z}{\partial y}, \frac{\partial f}{\partial y}, z_y \text{ 或 } f_y(x,y).$$

由偏导数定义可知,在求函数 $z=f(x,y)$ 对 x(或 y)的偏导数时,只需将另一个变量 y(或 x)看作常数,直接运用一元函数求导公式和法则计算.

需要注意的是,$\dfrac{\mathrm{d}u}{\mathrm{d}x}$ 可以看作 $\mathrm{d}u$ 与 $\mathrm{d}x$ 的商,但偏导数 $\dfrac{\partial u}{\partial x}$ 是一个整体记号,不可以拆分.

例1 求 $z=x^3+x^2y+3y^2$ 在点 $(1,0)$ 处的偏导数.

解

$$\frac{\partial z}{\partial x}=3x^2+2xy, \frac{\partial z}{\partial y}=x^2+6y,$$

$$\frac{\partial z}{\partial x}\Big|_{\substack{x=1\\y=0}}=3\times1^2+2\times1\times0=3, \frac{\partial z}{\partial y}\Big|_{\substack{x=1\\y=0}}=1^2+6\times0=1.$$

例2 设 $z=x^y$ $(x>0, x\neq1)$,求证:

$$\frac{x}{y}\frac{\partial z}{\partial x}+\frac{1}{\ln x}\frac{\partial z}{\partial y}=2z.$$

证 因为

$$\frac{\partial z}{\partial x}=yx^{y-1}, \frac{\partial z}{\partial y}=x^y\ln x,$$

所以

$$\frac{x}{y}\frac{\partial z}{\partial x}+\frac{1}{\ln x}\frac{\partial z}{\partial y}=\frac{x}{y}yx^{y-1}+\frac{1}{\ln x}x^y\ln x=2z,$$

即

$$\frac{x}{y}\frac{\partial z}{\partial x}+\frac{1}{\ln x}\frac{\partial z}{\partial y}=2z.$$

3. 偏导数的几何意义

设曲面的方程为 $z=f(x,y)$,$M_0(x_0,y_0,f(x_0,y_0))$ 是该曲面上一点,过点 M_0 作平面 $y=y_0$,截此曲面得一条曲线,其方程为

$$\begin{cases} z=f(x,y),\\ y=y_0, \end{cases}$$

则偏导数 $f_x(x_0,y_0)$ 表示上述曲线在点 M_0 处的切线 M_0T_x 对 x 轴正向的斜率(如图 3-3 所示).同理,偏导数 $f_y(x_0,y_0)$ 就是曲面被平面 $x=x_0$ 所截得的曲线在点 M_0 处的切线 M_0T_y 对 y 轴正向的斜率.

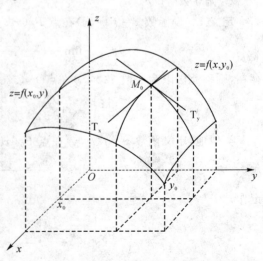

图 3-3

二、二阶偏导数

设函数 $z=f(x,y)$ 在区域 D 内具有偏导数,若函数 $\dfrac{\partial z}{\partial x}$,$\dfrac{\partial z}{\partial y}$ 的偏导数也存在,则称 $\dfrac{\partial z}{\partial x}$,$\dfrac{\partial z}{\partial y}$ 的偏导数为函数 $z=f(x,y)$ 的**二阶偏导数**,这样的二阶偏导数共有四个:

(1) $\dfrac{\partial}{\partial x}\left(\dfrac{\partial z}{\partial x}\right)=\dfrac{\partial^2 z}{\partial x^2}=f_{xx}(x,y)$; (2) $\dfrac{\partial}{\partial y}\left(\dfrac{\partial z}{\partial x}\right)=\dfrac{\partial^2 z}{\partial x \partial y}=f_{xy}(x,y)$;

(3) $\dfrac{\partial}{\partial x}\left(\dfrac{\partial z}{\partial y}\right)=\dfrac{\partial^2 z}{\partial y \partial x}=f_{yx}(x,y)$; (4) $\dfrac{\partial}{\partial y}\left(\dfrac{\partial z}{\partial y}\right)=\dfrac{\partial^2 z}{\partial y^2}=f_{yy}(x,y)$.

其中(2)、(3)两个偏导数称为**混合偏导数**.

例 3 设 $z=x^4+3x^2y^2+y^5x^3-xy^3$,求四个二阶偏导数.

解 因为

$$\frac{\partial z}{\partial x}=4x^3+6xy^2+3y^5x^2-y^3,\ \frac{\partial z}{\partial y}=6x^2y+5y^4x^3-3xy^2,$$

所以

$$\frac{\partial^2 z}{\partial x^2}=12x^2+6y^2+6y^5x,\ \frac{\partial^2 z}{\partial x \partial y}=12xy+15y^4x^2-3y^2,$$

$$\frac{\partial^2 z}{\partial y \partial x}=12xy+15x^2y^4-3y^2,\ \frac{\partial^2 z}{\partial y^2}=6x^2+20y^3x^3-6xy.$$

此例中,两个混合偏导数相等,即 $\dfrac{\partial^2 z}{\partial x \partial y}=\dfrac{\partial^2 z}{\partial y \partial x}$,这并非偶然.

定理 若函数 $f(x,y)$ 的二阶混合偏导数 $\dfrac{\partial^2 z}{\partial x \partial y}$、$\dfrac{\partial^2 z}{\partial y \partial x}$ 在区域 D 内连续,则在区域 D 内,有 $\dfrac{\partial^2 z}{\partial x \partial y}=\dfrac{\partial^2 z}{\partial y \partial x}$.

例 4 设 $z=\arctan\dfrac{y}{x}$,求 $\dfrac{\partial^2 z}{\partial x \partial y}$,$\dfrac{\partial^2 z}{\partial y \partial x}$.

解

$$\frac{\partial z}{\partial x}=\frac{1}{1+\left(\frac{y}{x}\right)^2}\cdot\frac{-y}{x^2}=\frac{-y}{x^2+y^2},\ \frac{\partial z}{\partial y}=\frac{1}{1+\left(\frac{y}{x}\right)^2}\cdot\frac{1}{x}=\frac{x}{x^2+y^2},$$

$$\frac{\partial^2 z}{\partial x \partial y}=\frac{(-1)\cdot(x^2+y^2)-(-y)\cdot 2y}{(x^2+y^2)^2}=\frac{y^2-x^2}{(x^2+y^2)^2},$$

$$\frac{\partial^2 z}{\partial y \partial x}=\frac{1\cdot(x^2+y^2)-x\cdot 2x}{(x^2+y^2)^2}=\frac{y^2-x^2}{(x^2+y^2)^2}.$$

类似地,如果二阶偏导数也具有偏导数,则称其为函数 $f(x,y)$ 的**三阶偏导数**,以此类推,我们把二阶及二阶以上的偏导数称为**高阶偏导数**.

三、全微分

在一元函数微分学中,函数 $y=f(x)$ 的微分 $\mathrm{d}y=f'(x)\mathrm{d}x$,并且当自变量 x 的增量 $\Delta x \to 0$ 时,相应地,函数 $y=f(x)$ 的改变量 Δy 与 $\mathrm{d}y$ 的差是比 Δx 高阶的无穷小,这一结论可以推广到二元函数的情形.

1. 引 例

设有一个矩形金属薄片,其长宽分别为 x,y,受热膨胀,边长分别增加了 $\Delta x,\Delta y$,试求金属片面积改变量的近似值(图 3-4).

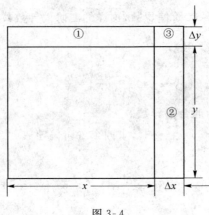

图 3-4

若矩形金属片的面积用 S 表示,则受热前的金属薄片面积为

$$S = xy,$$

受热后的金属薄片面积的改变量为

$$\Delta S = (x + \Delta x)(y + \Delta y) - xy = y\Delta x + x\Delta y + \Delta x\Delta y$$

观察图 3-4 可知,ΔS 是由 $y\Delta x + x\Delta y$(图中①、②两部分的面积和)和 $\Delta x\Delta y$(图中③的面积)两部分组成,当 Δx、Δy 很小时,有

$$\Delta S \approx y\Delta x + x\Delta y,$$

我们称 $y\Delta x + x\Delta y$ 为面积 S 的全微分.

2. 全微分概念

定义 2　如果函数 $z = f(x,y)$ 在点 (x,y) 处的全增量

$$\Delta z = f(x + \Delta x, y + \Delta y) - f(x,y)$$

可以表示为

$$\Delta z = A\Delta x + B\Delta y + o(\rho)\ (\rho = \sqrt{(\Delta x)^2 + (\Delta y)^2}),$$

其中 A,B 不依赖于 $\Delta x,\Delta y$ 而仅与 x,y 有关,则称函数 $z = f(x,y)$ 在点 (x,y) 处**可微**,称 $A\Delta x + B\Delta y$ 为函数 $z = f(x,y)$ 在点 (x,y) 处的**全微分**,记作 $\mathrm{d}z$,即

$$\mathrm{d}z = A\Delta x + B\Delta y.$$

如果函数 $z = f(x,y)$ 在区域 D 内各点处都可微,那么称函数 $z = f(x,y)$ 在区域 D 内可微.

3. 可微条件

定理 1　(必要条件)若函数 $z = f(x,y)$ 在点 (x,y) 处可微,则该函数在点 (x,y) 的偏导数 $\dfrac{\partial z}{\partial x}, \dfrac{\partial z}{\partial y}$ 必存在,且 $z = f(x,y)$ 在点 (x,y) 处的全微分为

$$\mathrm{d}z = \frac{\partial z}{\partial x}\Delta x + \frac{\partial z}{\partial y}\Delta y.$$

我们知道,一元函数在某点可导是在该点可微的充分必要条件.但对于多元函数则不然.定理 1 的结论表明,二元函数的两个一阶偏导数存在只是全微分存在的必要条件而不

是充分条件.

定理2 （充分条件） 若函数 $z=f(x,y)$ 的偏导数 $\dfrac{\partial z}{\partial x}$, $\dfrac{\partial z}{\partial y}$ 在点 (x,y) 处连续,则函数在该点处可微.

以上两个定理的证明请参阅其他教材,此处从略.

与一元微分相同,我们规定,自变量的增量称为自变量的微分,并将 Δx, Δy 分别记作 dx, dy. 这样,函数 $z=f(x,y)$ 的全微分进一步表示为

$$dz=\frac{\partial z}{\partial x}dx+\frac{\partial z}{\partial y}dy.$$

上述关于二元函数全微分的必要条件和充分条件,可以推广到三元及三元以上的多元函数中去. 例如,三元函数 $u=f(x,y,z)$ 的全微分为

$$du=\frac{\partial u}{\partial x}dx+\frac{\partial u}{\partial y}dy+\frac{\partial u}{\partial z}dz.$$

4. 微分的计算

例5 计算函数 $z=e^{xy}$ 在点 $(2,1)$ 处的全微分.

解

$$\frac{\partial z}{\partial x}=ye^{xy},\ \frac{\partial z}{\partial y}=xe^{xy},\ \frac{\partial z}{\partial x}\bigg|_{(2,1)}=e^2,\ \frac{\partial z}{\partial y}\bigg|_{(2,1)}=2e^2,$$

于是,函数 $z=e^{xy}$ 在点 $(2,1)$ 处的全微分为

$$dz=e^2dx+2e^2dy.$$

例6 求函数 $z=y\cos(x-2y)$ 的全微分.

解 因为

$$\frac{\partial z}{\partial x}=-y\sin(x-2y),\ \frac{\partial z}{\partial y}=\cos(x-2y)+2y\sin(x-2y),$$

所以

$$dz=-y\sin(x-2y)dx+[\cos(x-2y)+2y\sin(x-2y)]dy.$$

习题 3—2

1. 求下列函数的一阶偏导数:

(1) $z=x^2y-xy^2$;

(2) $z=x^2-\dfrac{x}{y^2}$;

(3) $z=\ln x^2-e^{y^2}$;

(4) $z=\sin x^2y-\sqrt[3]{x+y}$;

(5) $z=\sqrt{\ln(xy)}$;

(6) $z=x\sqrt{y}+\dfrac{y}{\sqrt[3]{x}}$;

(7) $z=\arctan(x-y^2)$;

(8) $z=xy+\dfrac{x}{y}$.

2. 求下列各函数的二阶偏导数:

(1) $z=\sin^2(ax+by)$;

(2) $z=\arctan\dfrac{x+y}{1-xy}$.

3. 求下列函数的全微分：

(1) $z = xy + \dfrac{x}{y}$;

(2) $z = \arctan \dfrac{x}{y}$;

(3) $z = \dfrac{x^2 + y^2}{x^2 - y^2}$;

(4) $z = \mathrm{e}^x + \sin \dfrac{y}{2}$;

(5) $z = (1 + xy)^y$;

(6) $z = \arcsin \dfrac{x}{\sqrt{x^2 + y^2}}$.

4. 求函数 $z = \ln \sqrt{(1 + x^2 + y^2)}$ 在点 $(1,1)$ 处的全微分.

第三节　复合函数和隐函数的求导法则

本节我们将一元函数微分学中的复合函数和隐函数求导法则推广到二元复合函数和隐函数的情形. 二元复合函数的复合关系往往比较复杂, 我们只就比较简单的情形予以介绍, 隐函数求导法也只给出简略介绍.

一、二元复合函数的求导法则

1. 中间变量为二元函数

定理 1　设 $u = \varphi(x,y), v = \psi(x,y)$ 在点 (x,y) 处的偏导数都存在, $z = f(u,v)$ 在相应点 (u,v) 有连续偏导数, 则复合函数

$$z = f[\varphi(x,y), \psi(x,y)],$$

在 (x,y) 处存在偏导数, 且

$$\frac{\partial z}{\partial x} = \frac{\partial z}{\partial u} \cdot \frac{\partial u}{\partial x} + \frac{\partial z}{\partial v} \cdot \frac{\partial v}{\partial x},$$

$$\frac{\partial z}{\partial y} = \frac{\partial z}{\partial u} \cdot \frac{\partial u}{\partial y} + \frac{\partial z}{\partial v} \cdot \frac{\partial v}{\partial y}.$$

以上求导公式习惯称为**链式法则**. 为了便于记忆和使用, 可以用图形来表示各变量之间的关系.

如图 3-5 所示, z 是 u,v 的函数, 同时 u,v 又都是 x,y 的函数:

按"沿线导数相乘、分线导数相加"的原则写出所求的复合函数的偏导数, 就得到链式法则.

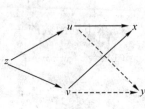

图 3-5

例 1　设 $z = \arctan \dfrac{v}{u}, u = x^2 + y^2, v = xy$, 求 $\dfrac{\partial z}{\partial x}, \dfrac{\partial z}{\partial y}$.

解　因为

$$\frac{\partial z}{\partial u} = \frac{1}{1 + \left(\dfrac{v}{u}\right)^2} \cdot \frac{-v}{u^2}, \frac{\partial z}{\partial v} = \frac{1}{1 + \left(\dfrac{v}{u}\right)^2} \cdot \frac{1}{u},$$

$$\frac{\partial u}{\partial x} = 2x, \frac{\partial v}{\partial x} = y, \frac{\partial u}{\partial y} = 2y, \frac{\partial v}{\partial y} = x,$$

所以

$$\frac{\partial z}{\partial x}=\frac{\partial z}{\partial u}\cdot\frac{\partial u}{\partial x}+\frac{\partial z}{\partial v}\cdot\frac{\partial v}{\partial x}=\frac{-2xv}{u^2+v^2}+\frac{yu}{u^2+v^2},$$

$$\frac{\partial z}{\partial y}=\frac{\partial z}{\partial u}\cdot\frac{\partial u}{\partial y}+\frac{\partial z}{\partial v}\cdot\frac{\partial v}{\partial y}=\frac{-2yv}{u^2+v^2}+\frac{xu}{u^2+v^2}.$$

2. 中间变量为一元函数

设函数 $z=f(u,v)$，$u=u(x)$，$v=v(x)$ 构成复合函数 $z=f[u(x),v(x)]$

$$\frac{\mathrm{d}z}{\mathrm{d}x}=\frac{\partial z}{\partial u}\frac{\mathrm{d}u}{\mathrm{d}x}+\frac{\partial z}{\partial v}\frac{\mathrm{d}v}{\mathrm{d}x}.$$

导数 $\frac{\mathrm{d}z}{\mathrm{d}x}$ 称为全导数. 如图 3-6 所示,各变量之间的关系为:

例 2 设 $z=uv$，而 $u=\mathrm{e}^x$，$v=\cos x$，求全导数 $\frac{\mathrm{d}z}{\mathrm{d}x}$.

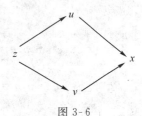

解

$$\frac{\mathrm{d}z}{\mathrm{d}x}=\frac{\partial z}{\partial u}\cdot\frac{\mathrm{d}u}{\mathrm{d}x}+\frac{\partial z}{\partial v}\cdot\frac{\mathrm{d}v}{\mathrm{d}x}=v\mathrm{e}^x-u\sin x=\mathrm{e}^x(\cos x-\sin x).$$

图 3-6

3. 中间变量既有一元函数又有二元函数

定理 2 如果函数 $u=u(x,y)$ 在点 (x,y) 具有对 x 及对 y 的偏导数,函数 $v=v(y)$ 在点 y 可导,函数 $z=f(u,v)$ 在对应点 (u,v) 具有连续偏导数,则复合函数 $z=f[u(x,y),v(y)]$ 在对应点 (x,y) 的两个偏导数存在,且有

$$\frac{\partial z}{\partial x}=\frac{\partial z}{\partial u}\frac{\partial u}{\partial x},$$

$$\frac{\partial z}{\partial y}=\frac{\partial z}{\partial u}\frac{\partial u}{\partial y}+\frac{\partial z}{\partial v}\frac{\mathrm{d}v}{\mathrm{d}y}.$$

二、隐函数求导法则

若方程 $F(x,y,z)=0$ 确定了 $z=z(x,y)$,将其代入方程变为恒等式
$$F(x,y,z(x,y))\equiv0,$$
方程两端对 x 求导,得

$$\frac{\partial F}{\partial x}+\frac{\partial F}{\partial z}\cdot\frac{\partial z}{\partial x}=0,\ \frac{\partial F}{\partial y}+\frac{\partial F}{\partial z}\cdot\frac{\partial z}{\partial y}=0,$$

若 $\frac{\partial F}{\partial z}\neq0$,得

$$\frac{\partial z}{\partial x}=-\frac{\dfrac{\partial F}{\partial x}}{\dfrac{\partial F}{\partial z}},\ \frac{\partial z}{\partial y}=-\frac{\dfrac{\partial F}{\partial y}}{\dfrac{\partial F}{\partial z}}.$$

这是二元隐函数的求导公式.

同理可得二元以上多元函数的隐函数的求导法则.

例 3 设 $x^2+y^2+z^2=2Rx$,求 $\frac{\partial z}{\partial x},\frac{\partial z}{\partial y}$（$R$ 为常数）.

解 把方程写为
$$x^2+y^2+z^2-2Rx=0,$$
设

$$F(x,y,z) = x^2 + y^2 + z^2 - 2Rx,$$

则

$$F_x = 2x - 2R, F_y = 2y, F_z = 2z,$$

所以

$$\frac{\partial z}{\partial x} = -\frac{F_x}{F_z} = -\frac{x-R}{z}, \frac{\partial z}{\partial y} = -\frac{F_y}{F_z} = -\frac{y}{z}.$$

习题 3—3

1. 设 $z = e^u \sin v, u = xy, v = x + y$，求 $\dfrac{\partial z}{\partial x}, \dfrac{\partial z}{\partial y}$.

2. 设 $z = u^2 \ln v, u = \dfrac{x}{y}, v = 3x - 2y$，求 $\dfrac{\partial z}{\partial x}, \dfrac{\partial z}{\partial y}$.

3. 设 $z = e^{u-2v}$，而 $u = \sin x, v = x^3$，求全导数 $\dfrac{\mathrm{d}z}{\mathrm{d}x}$.

4. 设 $z = \arcsin(u-v)$，而 $u = 3x, v = 4x^3$，求全导数 $\dfrac{\mathrm{d}z}{\mathrm{d}x}$.

5. 设 $x + 2y + z - 2\sqrt{xyz} = 0$，求 $\dfrac{\partial z}{\partial x}, \dfrac{\partial z}{\partial y}$.

6. 设 $\dfrac{x}{z} = \ln \dfrac{z}{y}$，求 $\dfrac{\partial z}{\partial x}, \dfrac{\partial z}{\partial y}$.

第四节 二元函数的极值及其求法

一、二元函数的极值

1. 基本概念

定义 1 设函数 $z = f(x,y)$ 在点 (x_0, y_0) 的某一邻域内有定义，若对于该邻域内异于 (x_0, y_0) 的任意点 (x,y)，若总有

$$f(x,y) < f(x_0, y_0),$$

则称 $f(x_0, y_0)$ 是函数的**极大值**；若总有

$$f(x,y) > f(x_0, y_0),$$

则称 $f(x_0, y_0)$ 是函数的**极小值**. 函数的极大值和极小值统称为**极值**. 使函数取得极值的点称为**极值点**.

在求函数 $f(x,y)$ 的极值时，若没有其他任何限制条件，则此极值问题称为无条件极值问题，否则，称为条件极值问题. 求一个函数 $f(x,y)$ 的无条件极值，通常是指在整个坐标平面或某个开区域内进行讨论.

例 1 函数 $f(x,y) = 3x^2 + 4y^2$ 在点 $(0,0)$ 的某一邻域内，对任意异于 $(0,0)$ 的点 (x,y)，总有

$$f(x,y) = 3x^2 + 4y^2 > 0 = f(0,0),$$

所以，$f(x,y)=3x^2+4y^2$ 的极小值是 0.

同理，由于在点 $(0,0)$ 的某一邻域内，对任意异于 $(0,0)$ 的点 (x,y)，总有

$$f(x,y)=\sqrt{9-x^2-y^2}<\sqrt{9}=3=f(0,0),$$

所以，函数 $f(x,y)=\sqrt{9-x^2-y^2}$ 在 $(0,0)$ 处有极大值 3.

2. 判定方法

对于一般的二元函数极值问题，用定义讨论比较困难，我们可以利用偏导数来研究.

定理 1（必要条件）　设函数 $z=f(x,y)$ 在点 (x_0,y_0) 具有偏导数，且在点 (x_0,y_0) 处有极值，则有

$$f_x(x_0,y_0)=0,\ f_y(x_0,y_0)=0.$$

同一元函数相类似，凡是能使一阶偏导数同时为零的点，均称为函数的**驻点**. 极值点必为驻点；驻点不一定是极值点. 例如，点 $(0,0)$ 是函数 $z=xy$ 的驻点，但不是极值点.

注意：二元函数的极值也可能在偏导数不存在的点处达到.

定理 2（充分条件）　设函数 $z=f(x,y)$ 在点 (x_0,y_0) 的某邻域内有二阶连续偏导数，且 $f_x(x_0,y_0)=0,\ f_y(x_0,y_0)=0.$ 记

$$A=f_{xx}(x_0,y_0),\ B=f_{xy}(x_0,y_0),\ C=f_{yy}(x_0,y_0),$$

则

(1) 当 $B^2-AC>0$ 时，函数 $z=f(x,y)$ 没有极值.

(2) 当 $B^2-AC<0$ 时，若 $A<0,f(x_0,y_0)$ 是极大值；若 $A>0,f(x_0,y_0)$ 是极小值.

(3) 当 $B^2-AC=0$ 时，不能判断 $f(x_0,y_0)$ 是否为极值.

例 2　求函数 $z=x^3+y^3-3xy$ 的极值点.

解　由

$$\begin{cases}\dfrac{\partial z}{\partial x}=3x^2-3y=0,\\[2mm]\dfrac{\partial z}{\partial y}=3y^2-3x=0,\end{cases}$$

得驻点 $P_1(0,0),P_2(1,1)$，且

$$A=\frac{\partial^2 z}{\partial x^2}=6x,\ B=\frac{\partial^2 z}{\partial x\partial y}=-3,\ C=\frac{\partial^2 z}{\partial y^2}=6y,$$

在点 $P_1(0,0)$ 处，$B^2-AC=9>0$，

所以点 $P_1(0,0)$ 不是极值点.

在点 $P_2(1,1)$ 处，$B^2-AC=-27<0$，又 $A=6>0$，

所以点 $P_2(1,1)$ 是极小值点.

例 3　求由方程 $x^2+y^2+z^2-2x+2y-4z-10=0$ 确定的函数 $z=f(x,y)$ 的极值.

解　将方程两边分别对 x,y 求偏导，得

$$\begin{cases}2x+2z\cdot z_x-2-4z_x=0,\\ 2y+2z\cdot z_y+2-4z_y=0.\end{cases}$$

由函数取得极值的必要条件知，驻点为 $P(1,-1)$，将上方程组再分别对 x,y 求偏导数，得

$$A=z''_{xx}|_P=\frac{1}{2-z},\ B=z''_{xy}|_P=0,\ C=z''_{yy}|_P=\frac{1}{2-z},$$

于是

$$B^2 - AC = -\frac{1}{(2-z)^2} < 0 \, (z \neq 2),$$

函数在点 P 处有极值.

将 $P(1, -1)$ 代入原方程,有 $z_1 = -2, z_2 = 6$.

当 $z_1 = -2$ 时,$A = \frac{1}{4} > 0$,

所以 $z = f(1, -1) = -2$ 为极小值;

当 $z_2 = 6$ 时,$A = -\frac{1}{4} < 0$,

所以 $z = f(1, -1) = 6$ 为极大值.

二、条件极值

在上面所讨论的极值问题中,对于自变量仅限制在定义域内,此外没有其他任何限制,通常称为**无条件极值**. 但在实际问题中,常常会遇到自变量还有其他附加的约束条件,这类附有约束条件的极值问题,称为**条件极值**. 下面我们介绍条件极值的一般解法——**拉格朗日乘数法**.

求函数 $z = f(x, y)$ 在满足约束条件 $\varphi(x, y) = 0$ 时的条件极值问题,利用拉格朗日乘数法,求解步骤如下:

(1)构造辅助函数

$$F(x, y) = f(x, y) + \lambda\varphi(x, y),$$

称其为**拉格朗日函数**,λ 称为**拉格朗日乘数**.

(2)解联立方程组

$$\begin{cases} F_x(x, y) = f_x(x, y) + \lambda\varphi_x(x, y) = 0, \\ F_y(x, y) = f_y(x, y) + \lambda\varphi_y(x, y) = 0, \\ \varphi(x, y) = 0, \end{cases}$$

得可能的极值点 (x, y).

拉格朗日乘数法只给出了函数取得极值的必要条件,按照这种方法求出来的点是否为极值点,需要进一步讨论. 在实际问题中,根据问题本身的性质即可判定所求的点是不是极值点.

例 4 某工厂生产两种商品的日产量分别为 x 和 y(单位:件),总成本(单位:元)函数

$$z(x, y) = 8x^2 - xy + 12y^2,$$

商品的限额为 $x + y = 42$,求最小成本.

解 本题是求函数 $z(x, y) = 8x^2 - xy + 12y^2$ 在条件 $x + y = 42$ 下的最小值. 设拉格朗日函数

$$F(x, y) = 8x^2 - xy + 12y^2 + \lambda(x + y - 42),$$

于是

$$\begin{cases} F_x = 16x - y + \lambda = 0, \\ F_y = -x + 24y + \lambda = 0, \\ x + y - 42 = 0. \end{cases}$$

解之得 $x=25,y=17$,

因而唯一驻点 $(25,17)$ 是最小值点,

最小成本为

$$z(25,17)=8\times25^2-25\times17+12\times17^2=8043(元).$$

拉格朗日乘数法可以推广到两个以上自变量或一个以上约束条件的情况.

例5　将自然数 12 分成三个正数 x,y,z 之和,并使 $u=x^3y^2z$ 为最大.

解　令 $F(x,y,z)=x^3y^2z+\lambda(x+y+z-12)$,

则

$$\begin{cases} F_x=3x^2y^2z+\lambda=0, \\ F_y=2x^3yz+\lambda=0, \\ x+y+z-12=0. \end{cases}$$

解得唯一驻点 $(6,4,2)$,

于是,最大值为 $u_{max}=6^3\times4^2\times2=6912$.

习题 3-4

1. 求下列函数的极值点及极值:

(1) $f(x,y)=4(x-y)-x^2-y^2$;　　　　(2) $f(x,y)=xy(x^2+y^2-1)$;

(3) $f(x,y)=e^{2x}(x+y^2+2y)$.

2. 求函数 $f(x,y)=(x^2+y^2-2x)^2$ 在圆域 $x^2+y^2\leqslant2x$ 上的最大值和最小值.

3. 要制造一个无盖的长方体水槽,已知它的底部造价为每平方米 18 元,侧面造价均为每平方米 6 元,设计的总造价 216 元. 问:如何选取它的尺寸,才能使水槽容积最大?

第五节　二重积分的概念

定积分是解决某些整体量问题的有效方法,归结为某种特定和式的极限. 将这种和式极限的概念推广到二元函数,便得到二重积分的概念. 本章主要介绍二重积分的概念及其计算方法.

一、引　例

1. 曲顶柱体的体积

曲顶柱体是指这样的立体,它的底是 xOy 平面上的有界闭区域 D,它的侧面是以 D 的边界线为准线,而母线平行 z 轴的柱面,顶是在有界闭区域 D 上连续的曲面 $z=f(x,y)$.

如下页图 3-7 所示,已知有界闭区域 D 和 $f(x,y)\geqslant0$,我们研究求曲顶柱体的体积 $V_{曲顶柱体}$ 的方法.

类似于求曲边梯形面积一样,我们可以考虑通过局部"以直代曲"、"以近似代替精确"的思想方法,累加求出曲顶柱体体积的近似值,然后通过取极限得到曲顶柱体体积 $V_{曲顶柱体}$.

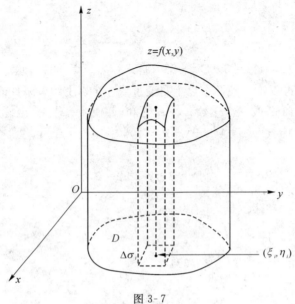

图 3-7

（1）分　割

用一组曲线网把闭区域 D 分成 n 个小闭区域 $\Delta\sigma_i(i=1,2,\cdots,n)$，（$\Delta\sigma_i$ 也记做其相应的面积）. 分别以这些小闭区域的边界曲线为准线，做母线平行于 z 轴的柱面，这些柱面把原来的曲顶柱体分为 n 个细曲顶柱体. 当这些小闭区域的直径很小时（一个闭区域的直径是指该区域上任意两点间距离的最大者），由 $f(x,y)$ 的连续性可知，对同一个小闭区域来说，$f(x,y)$ 变化很小，这时，细曲顶柱体可以近似地看成平顶柱体.

（2）作乘积

设 (ξ_i,η_i) 是 $\Delta\sigma_i$ 上的任意一点，以 $f(\xi_i,\eta_i)$ 为高、$\Delta\sigma_i$ 为底的平顶柱体体积为

$$f(\xi_i,\eta_i)\cdot\Delta\sigma_i\quad(i=1,2,\cdots,n).$$

（3）作和的近似值

$$V_{曲顶柱体}\approx\sum_{i=1}^{n}f(\xi_i,\eta_i)\Delta\sigma_i.$$

（4）取极限

设第 i 个小闭区域 $\Delta\sigma_i$ 的直径为 $\lambda_i(i=1,2,\cdots,n)$，

$$\lambda_{\max}=\{\lambda_1,\lambda_2,\cdots,\lambda_n\},$$

若极限 $\lim\limits_{\lambda\to 0}\sum\limits_{i=1}^{n}f(\xi_i,\eta_i)\Delta\sigma_i$ 存在，则

$$V_{曲顶柱体}=\lim_{\lambda\to 0}\sum_{i=1}^{n}f(\xi_i,\eta_i)\Delta\sigma_i.$$

2. 平面薄片的质量

设一个质量非均匀分布的平面薄片在 xOy 面上对应的闭区域为 D，它的面密度为 $\mu(x,y)$，质量为 P，其中 $\mu(x,y)>0$ 在 D 上连续，求薄片的质量（如图 3-8 所示）.

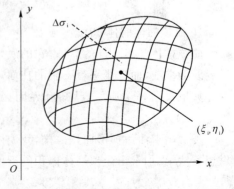

图 3-8

对于质量均匀的薄片,质量=面密度×面积.因为平面薄片的质量不是均匀分布的,即面密度是变量,所以不能用上式来计算.解决这个问题的思路和步骤与上例相类似:

(1)分　割

用一组曲线网把闭区域 D 分成 n 个小闭区域 $\Delta\sigma_i(i=1,2,\cdots,n)$,($\Delta\sigma_i$ 也记作其相应的面积).

(2)作乘积

设 (ξ_i,η_i) 是 $\Delta\sigma_i$ 上的任意一点,以 $\mu(\xi_i,\eta_i)$ 为平均面密度、$\Delta\sigma_i$ 为薄片面积的薄片质量为
$$\mu(\xi_i,\eta_i)\cdot\Delta\sigma_i(i=1,2,\cdots,n),$$

(3)作和得近似值

$$P\approx\sum_{i=1}^{n}\mu(\xi_i,\eta_i)\Delta\sigma_i,$$

(4)取极限

设第 i 个小闭区域 $\Delta\sigma_i$ 的直径为 $\lambda_i(i=1,2,\cdots,n)$,
$$\lambda_{\max}=\{\lambda_1,\lambda_2,\cdots,\lambda_n\},$$

若极限 $\lim\limits_{\lambda\to0}\sum\limits_{i=1}^{n}\mu(\xi_i,\eta_i)\Delta\sigma_i$ 存在,则

$$P=\lim_{\lambda\to0}\sum_{i=1}^{n}\mu(\xi_i,\eta_i)\Delta\sigma_i.$$

二、二重积分的定义

上述两个实际问题,尽管实际意义不同,但在分析研究中所采用的数学方法和手段是一样的,我们以这类实际问题为背景抽象出二重积分的概念.

1. 定　义

定义 1　设 $z=f(x,y)$ 为有界闭区域 D 上的有界函数,将闭区域 D 任意分割成 n 个小闭区域 $\Delta\sigma_i(i=1,2,\cdots,n)$($\Delta\sigma_i$ 也记作其相应的面积).在 $\Delta\sigma_i$ 上任取一点 (ξ_i,η_i),作乘积 $f(\xi_i,\eta_i)\cdot\Delta\sigma_i(i=1,2,\cdots,n)$.作和 $\sum\limits_{i=1}^{n}f(\xi_i,\eta_i)\Delta\sigma_i$.设第 i 个小闭区域 $\Delta\sigma_i$ 的直径为 $\lambda_i(i=1,2,\cdots,n)$,$\lambda_{\max}=\{\lambda_1,\lambda_2,\cdots,\lambda_n\}$,若 $\lim\limits_{\lambda\to0}\sum\limits_{i=1}^{n}f(\xi_i,\eta_i)\Delta\sigma_i$ 总存在,则称此极限值为函数 $f(x,y)$ 在闭区域 D 上的**二重积分**,记作 $\iint\limits_{D}f(x,y)\mathrm{d}\sigma$,即

$$\iint\limits_{D}f(x,y)\mathrm{d}\sigma=\lim_{\lambda\to0}\sum_{i=1}^{n}f(\xi_i,\eta_i)\Delta\sigma_i.$$

其中 x 与 y 称为**积分变量**,$f(x,y)$ 称为**被积函数**,D 称为**积分区域**,$\mathrm{d}\sigma$ 称为**面积微元**,$f(x,y)\mathrm{d}\sigma$ 称为**被积表达式**.

若被积函数 $f(x,y)$ 在闭区域 D 上的二重积分存在,则称 $f(x,y)$ 在 D 上可积.

2. 说　明

(1)若二重积分 $\iint\limits_{D}f(x,y)\mathrm{d}\sigma$ 存在,则称函数 $f(x,y)$ 在闭区域 D 上是可积的.可以证明,若函数 $f(x,y)$ 在闭区域 D 上连续,则 $f(x,y)$ 在闭区域 D 上是可积的.今后,我们总假

定被积函数 $f(x,y)$ 在积分区域 D 上是连续的.

(2)二重积分与被积函数及积分区域有关,与积分变量所采用的字母无关.即

$$\iint\limits_{D} f(x,y)\mathrm{d}\sigma = \iint\limits_{D} f(u,v)\mathrm{d}\sigma.$$

(3)在记号 $\iint\limits_{D} f(x,y)\mathrm{d}\sigma$ 中,面积微元 $\mathrm{d}\sigma$ 象征着积分和中的 $\Delta\sigma_i$.在二重积分的定义中,对闭区域 D 的划分是任意的,若在直角坐标系中用平行于坐标轴的直线网来划分 D,则除了包含边界点的一些小闭区域外,其余的小闭区域都是矩形闭区域.设矩形闭区域 $\Delta\sigma_i$ 的长和宽分别为 Δx_j,Δy_k,则 $\Delta\sigma_i = \Delta x_j \cdot \Delta y_k$,因此,在直角坐标系中,经常把面积元素 $\mathrm{d}\sigma$ 记作 $\mathrm{d}x\mathrm{d}y$,而把二重积分记作

$$\iint\limits_{D} f(x,y)\mathrm{d}x\mathrm{d}y,$$

其中,$\mathrm{d}x\mathrm{d}y$ 叫做直角坐标系中的面积元素.

三、二重积分的几何意义

以闭区域 D 为底,以曲面 $f(x,y)$ 为顶的曲顶柱体体积记作 V.

当 $f(x,y) \geqslant 0$ 时,$\iint\limits_{D} f(x,y)\mathrm{d}\sigma = V$;

当 $f(x,y) < 0$ 时,$\iint\limits_{D} f(x,y)\mathrm{d}\sigma = -V$;

当 $f(x,y)$ 有正有负时,$\iint\limits_{D} f(x,y)\mathrm{d}\sigma$ 的值等于 xOy 坐标面上方曲顶柱体体积的和与 xOy 坐标面下方曲顶柱体体积的和之差.

四、二重积分的性质

二重积分与定积分有类似的性质.

性质 1 被积函数中的常数因子可以提到积分符号的外面去.即

$$\iint\limits_{D} kf(x,y)\mathrm{d}\sigma = k\iint\limits_{D} f(x,y)\mathrm{d}\sigma.$$

性质 2 两个函数代数和的二重积分等于各函数的二重积分的代数和.

$$\iint\limits_{D} [f(x,y) \pm g(x,y)]\mathrm{d}\sigma = \iint\limits_{D} f(x,y)\mathrm{d}\sigma \pm \iint\limits_{D} g(x,y)\mathrm{d}\sigma.$$

性质 3 若把积分区域 D 分成有限个部分闭区域,则在积分区域 D 上的二重积分等于在各个部分闭区域上的二重积分的和.

若积分区域 D 分成两个部分闭区域 D_1 与 D_2,则

$$\iint\limits_{D} f(x,y)\mathrm{d}\sigma = \iint\limits_{D_1} f(x,y)\mathrm{d}\sigma + \iint\limits_{D_2} f(x,y)\mathrm{d}\sigma.$$

性质 4 若积分区域的面积为 σ,则

$$\sigma = \iint\limits_{D} 1\mathrm{d}\sigma = \iint\limits_{D} \mathrm{d}\sigma.$$

这说明,当 $f(x,y)=1$ 时,曲顶柱体成为高为 1 的平顶柱体,其体积在数值上等于柱体

的底面积．

性质5　若在闭区域 D 上 $f(x,y)\leqslant g(x,y)$，则

$$\iint\limits_{D}f(x,y)\mathrm{d}\sigma\leqslant\iint\limits_{D}g(x,y)\mathrm{d}\sigma.$$

性质6　若在闭区域 D 上有 $m\leqslant f(x,y)\leqslant M$，则

$$m\sigma\leqslant\iint\limits_{D}f(x,y)\mathrm{d}\sigma\leqslant M\sigma.$$

其中 σ 是闭区域 D 的面积．这是二重积分的估值不等式．

性质7　（二重积分中值定理）若函数 $f(x,y)$ 在闭区域 D 上连续，则在闭区域 D 上至少有一点 (ξ,η)，使

$$\iint\limits_{D}f(x,y)\mathrm{d}\sigma=f(\xi,\eta)\sigma.$$

习题 3—5

1. 利用二重积分的几何意义，说明下列等式．

(1) $\iint\limits_{D}k\mathrm{d}\sigma=k\sigma$，其中 σ 是闭区域 D 的面积；

(2) $\iint\limits_{D}\sqrt{R^2-x^2-y^2}\mathrm{d}\sigma=\dfrac{2}{3}\pi R^3$，$D$ 是以原点为中心，半径为 R 的闭区域．

2. 估计积分的值．

$$\iint\limits_{D}(x^2+4y^2+9)\mathrm{d}\sigma,D:x^2+y^2\leqslant4.$$

第六节　在直角坐标系下二重积分的计算

与定积分相类似，用定义计算二重积分大多是很困难的．我们将借助定积分的"平行截面面积为已知函数的立体体积"的计算方法 $V=\int_{a}^{b}A(x)\mathrm{d}x$，将二重积分化为两个定积分的积——"累次积分"．本节介绍直角坐标系下二重积分的计算方法，下节介绍极坐标系下二重积分的计算方法．

一、X 型域

当积分区域 D 由不等式 $a\leqslant x\leqslant b,\varphi_1(x)\leqslant y\leqslant\varphi_2(x)$ 表示时（如下页图 3-9 所示），称积分区域 D 为 X 型域．

设二重积分 $\iint\limits_{D}f(x,y)\mathrm{d}\sigma$ 的被积函数 $f(x,y)$ 在 D 上连续，且 $f(x,y)\geqslant0$．

我们知道，当 $f(x,y)\geqslant0$ 时，二重积分 $\iint\limits_{D}f(x,y)\mathrm{d}\sigma$ 的值就是积分区域 D 上的曲顶柱体体积．设 $a<x_0<b$，过点 x_0 作垂直于 x 轴的平面，截得曲顶柱体的截面记作 $A(x_0)$，同时也

53

记作其面积(如图 3-10 所示),易知

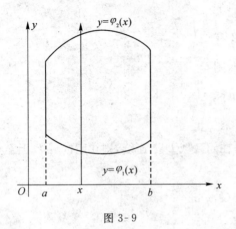

图 3-9

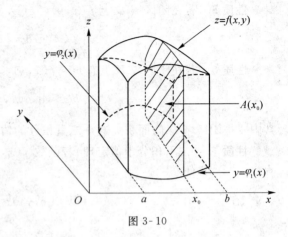

图 3-10

$$A(x_0) = \int_{\varphi_1(x)}^{\varphi_2(x)} f(x_0, y)\mathrm{d}y.$$

若用 x 替换 x_0,即 x 为区间 (a,b) 内的任意一点,则过 x 点处作垂直于 x 轴的平面,截得曲顶柱体的截面面积为 $A(x)$(此时将 x 仍然看成常量):

$$A(x) = \int_{\varphi_1(x)}^{\varphi_2(x)} f(x, y)\mathrm{d}y.$$

于是,平行截面面积为已知函数 $A(x)$ 的立体的体积为

$$V = \int_a^b A(x)\mathrm{d}x,$$

即

$$V = \int_a^b \left[\int_{\varphi_1(x)}^{\varphi_2(x)} f(x, y)\mathrm{d}y\right]\mathrm{d}x,$$

于是有

$$\iint_D f(x, y)\mathrm{d}\sigma = V = \int_a^b \left[\int_{\varphi_1(x)}^{\varphi_2(x)} f(x, y)\mathrm{d}y\right]\mathrm{d}x,$$

或写成

$$\iint_D f(x, y)\mathrm{d}\sigma = V = \int_a^b \mathrm{d}x \int_{\varphi_1(x)}^{\varphi_2(x)} f(x, y)\mathrm{d}y.$$

这样,就将一个二重积分化为先对 y 积分再对 x 积分的二次积分(也叫累次积分).

在以上计算二重积分的过程中,我们假定 $f(x, y) \geqslant 0$. 事实上,上述结论并不受此限制.

二、Y 型域

若积分区域 D 由不等式 $c \leqslant y \leqslant d$,$\psi_1(y) \leqslant x \leqslant \psi_2(y)$ 表示(如图 3-11 所示),称积分区域 D 为 Y 型域. 此时,同样可以推得

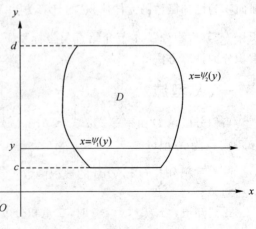

图 3-11

二重积分计算公式 $\iint\limits_{D} f(x,y)\mathrm{d}\sigma = \int_{c}^{d}\mathrm{d}y\int_{\psi_{1}(y)}^{\psi_{2}(y)} f(x,y)\mathrm{d}x$，这是将一个二重积分化为先对 x 后对 y 的累次积分．

例 1　求二重积分 $\iint\limits_{D}\left(1-\dfrac{x}{3}-\dfrac{y}{4}\right)\mathrm{d}\sigma$，其中 $D: -1\leqslant x\leqslant 1, -2\leqslant y\leqslant 2$．

解　积分区域 D 如图 3-12 所示

方法一　先对 x 积分后再对 y 积分

$$\iint\limits_{D}\left(1-\frac{x}{3}-\frac{y}{4}\right)\mathrm{d}\sigma = \int_{-2}^{2}\mathrm{d}y\int_{-1}^{1}\left(1-\frac{x}{3}-\frac{y}{4}\right)\mathrm{d}x$$

$$= \int_{-2}^{2}\left(x-\frac{x^{2}}{6}-\frac{xy}{4}\right)\Big|_{-1}^{1}\mathrm{d}y = \int_{-2}^{2}\left(2-\frac{y}{2}\right)\mathrm{d}y = 8.$$

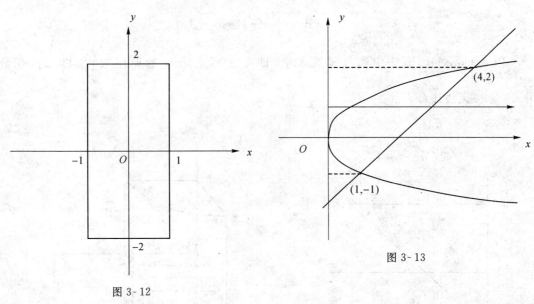

图 3-12

图 3-13

方法二　先对 y 积分后再对 x 积分

$$\iint\limits_{D}\left(1-\frac{x}{3}-\frac{y}{4}\right)\mathrm{d}\sigma = \int_{-1}^{1}\mathrm{d}x\int_{-2}^{2}\left(1-\frac{x}{3}-\frac{y}{4}\right)\mathrm{d}y = \int_{-1}^{1}\left(y-\frac{xy}{3}-\frac{y^{2}}{8}\right)\Big|_{-2}^{2}\mathrm{d}x$$

$$= \int_{-1}^{1}\left(4-\frac{4x}{3}\right)\mathrm{d}x = 8.$$

例 2　计算二重积分 $\iint\limits_{D} xy\mathrm{d}\sigma$，其中积分区域 D 是由抛物线 $y^{2}=x$ 与直线 $y=x-2$ 所围成的区域．

解　积分区域 D 如图 3-13 所示，按 Y 型域化成二次积分为

$$\iint\limits_{D} xy\mathrm{d}\sigma = \int_{-1}^{2}\mathrm{d}y\int_{y^{2}}^{y+2} xy\mathrm{d}x$$

$$= \frac{1}{2}\int_{-1}^{2}\left[y(y+2)^{2}-y^{5}\right]\mathrm{d}y$$

$$= \frac{1}{2}\left[\frac{y^{4}}{4}+\frac{4y^{3}}{3}+2y^{2}-\frac{y^{6}}{6}\right]_{-1}^{2}$$

$$= \frac{45}{8}.$$

若按 X 型域将二从重积分化成累次积分,就必须将区域 D 分成两个小区域:

$$\iint_D xy \mathrm{d}\sigma = \int_0^1 \mathrm{d}x \int_{-\sqrt{x}}^{\sqrt{x}} xy \mathrm{d}y + \int_1^4 \mathrm{d}x \int_{x-2}^{\sqrt{x}} xy \mathrm{d}y.$$

此例说明,如果积分次序选择不当,计算会变得复杂起来,有时会无法计算下去,请看下面的例 3.

例 3 计算 $\displaystyle\iint_D \sin y^2 \mathrm{d}\sigma$,积分区域 D 由直线 $x=0, y=1$ 及 $y=x$ 围成的闭区域(如图 3-14 所示).

解 方法一

$$\iint_D \sin y^2 \mathrm{d}\sigma = \int_0^1 \mathrm{d}x \int_x^1 \sin y^2 \mathrm{d}y,$$

因为 $\displaystyle\int \sin y^2 \mathrm{d}y$ 不能用初等函数表示,即无法写出 $\sin y^2$ 的原函数,所以二重积分 $\displaystyle\iint_D \sin y^2 \mathrm{d}\sigma$ 无法计算.

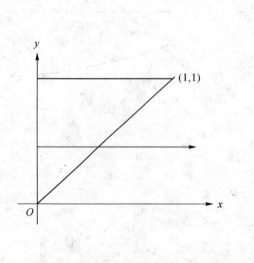

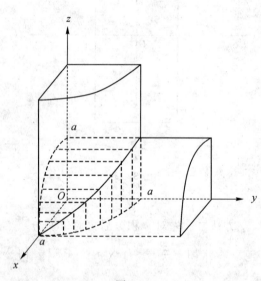

图 3-14   图 3-15

方法二

$$\iint_D \sin y^2 \mathrm{d}\sigma = \int_0^1 \mathrm{d}y \int_0^y \sin y^2 \mathrm{d}x = \int_0^1 y \sin y^2 \mathrm{d}y = \frac{1}{2}(1 - \cos 1).$$

此例说明如积分的次序选择不当,可能会使积分无法进行.

例 4 求圆柱面 $x^2 + y^2 = a^2$ 与 $x^2 + z^2 = a^2$ 垂直相交部分的体积.

解 根据对称性,所求体积是如图 3-15 所示在第一卦限阴影部分体积的 8 倍. 在第一卦限部分的立体是以

$$z = \sqrt{a^2 - x^2}$$

为顶,闭区域

$$D=\left\{(x,y)\,\big|\,0\leqslant x\leqslant a,0\leqslant y\leqslant\sqrt{a^{2}-x^{2}}\right\},$$

为底的曲顶柱体,于是

$$V=8\iint\limits_{D}\sqrt{a^{2}-x^{2}}\,\mathrm{d}\sigma$$

$$=8\int_{0}^{a}\mathrm{d}x\int_{0}^{\sqrt{a^{2}-x^{2}}}\sqrt{a^{2}-x^{2}}\,\mathrm{d}y$$

$$=8\int_{0}^{a}(a^{2}-x^{2})\,\mathrm{d}x=\frac{16a^{3}}{3}.$$

通过以上几个例子,我们得到计算二重积分的步骤如下:

(1)确定积分闭区域 D 的形状;

(2)将二重积分化为二次积分;

(3)计算二次积分.

习题 3—6

1. 求下列二次积分:

(1) $\displaystyle\int_{0}^{1}\mathrm{d}x\int_{0}^{2}(x-y)\mathrm{d}y$;

(2) $\displaystyle\int_{0}^{1}\mathrm{d}x\int_{0}^{1}x\mathrm{e}^{xy}\mathrm{d}y$;

(3) $\displaystyle\int_{1}^{2}\mathrm{d}x\int_{x}^{2x}\mathrm{e}^{y}\mathrm{d}y$;

(4) $\displaystyle\int_{1}^{e}\mathrm{d}x\int_{0}^{\ln x}x\mathrm{d}y$.

2. 画出积分区域,并计算下列二重积分:

(1) $\displaystyle\iint\limits_{D}(3x+2y)\mathrm{d}\sigma$,其中积分区域 D 是由 x 轴、y 轴及直线 $x+y=2$ 所围成的区域.

(2) $\displaystyle\iint\limits_{D}xy^{2}\mathrm{d}\sigma$,其中积分区域 D 是由圆周 $x^{2}+y^{2}=4$ 与 y 轴围成的右半区域.

(3) $\displaystyle\iint\limits_{D}\frac{x^{2}}{y^{2}}\mathrm{d}\sigma$,其中积分区域 D 是由直线 $x=2$、$y=x$ 及曲线 $y=\dfrac{1}{x}$ 所围成的区域.

(4) $\displaystyle\iint\limits_{D}\frac{\sin x}{x}\mathrm{d}\sigma$,其中积分区域 D 是由直线 $y=0$,$y=x$ 及 $x=1$ 所围成的区域.

(5) $\displaystyle\iint\limits_{D}\left(1-\frac{x}{4}-\frac{y}{3}\right)\mathrm{d}\sigma$,其中积分区域为 $D=\{(x,y)\,|\,-2\leqslant x\leqslant 2,-1\leqslant y\leqslant 1\}$.

(6) $\displaystyle\iint\limits_{D}x\mathrm{d}\sigma$,其中积分区域 D 是由 $y=\ln x$ 与直线 $x=\mathrm{e}$ 及 x 轴所围成的区域.

(7) $\displaystyle\iint\limits_{D}\mathrm{e}^{-y^{2}}\mathrm{d}\sigma$,其中积分区域 D 是由 $y=1$,$y=x$,$x=0$ 围成的区域.

(8) $\displaystyle\iint\limits_{D}(x^{2}+y^{2})\mathrm{d}\sigma$,$D$:$|x|\leqslant 1$,$|y|\leqslant 1$.

(9) $\displaystyle\iint\limits_{D}xy^{2}\mathrm{d}\sigma$,$D$ 由 $y=x^{2}$,$y=x$ 所围成.

(10) $\displaystyle\iint\limits_{D}\cos(x+y)\mathrm{d}\sigma$,$D$ 由 $x=0$,$y=\pi$ 及 $y=x$ 所围成.

3. 变换下列二次积分的积分次序:

(1) $\int_1^e dx \int_0^{\ln x} f(x,y)dy$;　　　　　　　(2) $\int_1^2 dx \int_0^{2-x} f(x,y)dy$.

第七节　在极坐标系下二重积分的计算

一、积分区域 D 的边界曲线由极坐标方程表示

当积分区域 D 的边界曲线由极坐标方程表示,且被积函数利用极坐标变量 r, θ 表示比较简单时,可以利用极坐标来计算二重积分.

假定从极点 O 出发且穿过闭区域 D 内部的射线与 D 的边界曲线相交不多于两点,用以极点为圆心的一族同心圆"$r=$ 常数"和发自极点的一族射线"$\theta=$ 常数",把区域分划成 n 个小闭区域(如图 3-16).

除了包含边界点的一些小的闭区域外,其他小闭区域 $\Delta\sigma_i$ 的面积可计算如下:

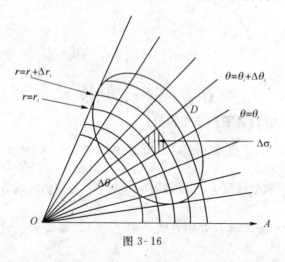

图 3-16

$$\Delta\sigma_i = \frac{1}{2} \cdot (r_i + \Delta r_i)^2 \cdot \Delta\theta_i - \frac{1}{2} \cdot r_i^2 \Delta\theta_i$$

$$= \frac{1}{2} \cdot (2r_i + \Delta r_i) \cdot \Delta r_i \cdot \Delta\theta_i$$

$$= \frac{1}{2} \cdot [r_i + (r_i + \Delta r_i)] \cdot \Delta r_i \cdot \Delta\theta_i$$

$$= \overline{r_i} \Delta r_i \cdot \Delta\theta_i.$$

其中 $\overline{r_i}$ 表示相邻两圆弧半径的平均值. 于是,小闭区域 $\Delta\sigma_i$ 的面积近似值为 $\overline{r_i}\Delta r_i\Delta\theta_i$,即面积元素为

$$d\sigma = rdrd\theta.$$

由直角坐标与极坐标的关系式

$$\begin{cases} x = r\cos\theta, \\ y = r\sin\theta, \end{cases}$$

得

$$\iint\limits_{D} f(x,y)\mathrm{d}\sigma=\iint\limits_{D} f(r\cos\theta,r\sin\theta)r\mathrm{d}r\mathrm{d}\theta.$$

这就是二重积分在极坐标系下的计算公式.

由于二重积分与区域 D 的分割方法无关,因此不论是直角坐标系中的分割方法,还是极坐标系中的分割方法,所得的二重积分应该相等. 所以

$$\iint\limits_{D} f(x,y)\mathrm{d}x\mathrm{d}y=\iint\limits_{D} f(r\cos\theta,r\sin\theta)r\mathrm{d}r\mathrm{d}\theta.$$

直角坐标系变换为极坐标系的变换公式. 其变换要点为:

(1)将 $f(x,y)$ 中的 x,y 分别替换为 $r\cos\theta,r\sin\theta$;

(2)将积分区域 D 的边界曲线用极坐标方程来表示;

(3)将直角坐标系中的面积元素 $\mathrm{d}x\mathrm{d}y$ 换为极坐标系中的面积元素 $r\mathrm{d}r\mathrm{d}\theta$.

极坐标系中的二重积分同样是化为累次积分来计算的. 这里只介绍先对 r 积分,后对 θ 积分,分三种情形对如何确定累次积分的上下限加以讨论:

1. 极点在闭区域 D 的外部

设闭区域 D 是由极点出发的两条射线 $\theta=\alpha,\theta=\beta$ 及两条连续曲线 $r=\varphi_1(\theta),r=\varphi_2(\theta)$ 围成(如图 3-17). 即闭区域 D 可以表示为:

$$D=\{(r,\theta)\,|\,\varphi_1(\theta)\leqslant r\leqslant\varphi_2(\theta),\alpha\leqslant\theta\leqslant\beta\}.$$

从极点出发在 (α,β) 内作一条极角为 θ 的射线穿过区域 D,穿入点的极径 $r=\varphi_1(\theta)$ 做下限,穿出点的极径 $r=\varphi_2(\theta)$ 做上限;然后对 θ 积分,其积分区间为 $[\alpha,\beta]$,即

$$\iint\limits_{D} f(r\cos\theta,r\sin\theta)r\mathrm{d}r\mathrm{d}\theta=\int_{\alpha}^{\beta}\mathrm{d}\theta\int_{\varphi_1(\theta)}^{\varphi_2(\theta)} f(r\cos\theta,r\sin\theta)r\mathrm{d}r.$$

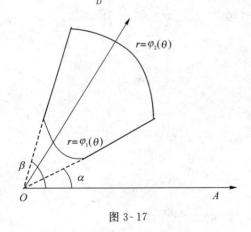

图 3-17

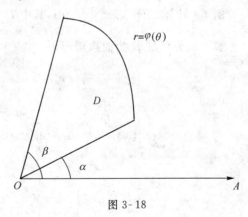

图 3-18

2. 若积分区域 D 为曲边扇形

设闭区域 D 由极点出发的两条射线 $\theta=\alpha,\theta=\beta$ 及连续曲线 $r=\varphi(\theta)(\alpha\leqslant\theta\leqslant\beta)$ 围成(如图 3-18),即区域 D 可以表示为:

$$D=\{(r,\theta)\,|\,0\leqslant r\leqslant\varphi(\theta),\alpha\leqslant\theta\leqslant\beta\}.$$

于是,计算公式为

$$\iint\limits_{D} f(r\cos\theta, r\sin\theta) r dr d\theta = \int_{\alpha}^{\beta} d\theta \int_{0}^{\varphi(\theta)} f(r\cos\theta, r\sin\theta) r dr.$$

3. 极点在积分区域 D 的内部

设区域 D 的边界曲线的方程为 $r=\varphi(\theta)(0 \leqslant \theta \leqslant 2\pi)$（如图 3-19），此时

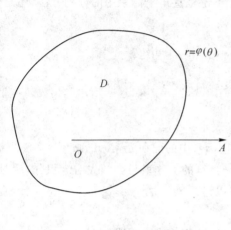

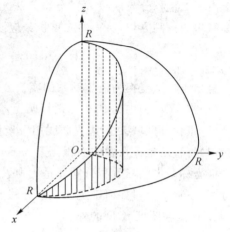

图 3-19   图 3-20

$$D = \{(r, \theta) \mid 0 \leqslant r \leqslant \varphi(\theta), 0 \leqslant \theta \leqslant 2\pi\},$$

则计算公式为

$$\iint\limits_{D} f(r\cos\theta, r\sin\theta) r dr d\theta = \int_{0}^{2\pi} d\theta \int_{0}^{\varphi(\theta)} f(r\cos\theta, r\sin\theta) r dr d\theta.$$

例 1 计算积分 $\iint\limits_{D}(x^2+y^2)d\sigma$，其中 D 由 $r=2a\cos\theta\left(-\dfrac{\pi}{2} \leqslant \theta \leqslant \dfrac{\pi}{2}\right)$ 所围成.

解 积分区域 D 为曲边扇形，

$$D = \left\{(r, \theta) \,\middle|\, 0 \leqslant r \leqslant 2a\cos\theta, -\frac{\pi}{2} \leqslant \theta \leqslant \frac{\pi}{2}\right\},$$

则

$$\iint\limits_{D}(x^2+y^2)d\sigma = \iint\limits_{D} r^2 \cdot r dr d\theta$$

$$= \int_{-\frac{\pi}{2}}^{\frac{\pi}{2}} d\theta \int_{0}^{2a\cos\theta} r^3 dr$$

$$= \int_{-\frac{\pi}{2}}^{\frac{\pi}{2}} \frac{1}{4}(2a\cos\theta)^4 d\theta$$

$$= 8a^2 \int_{0}^{\frac{\pi}{2}} \cos^4\theta d\theta = \frac{3}{2}\pi a^4.$$

二、积分区域 D 的边界曲线由直角坐标方程表示

当积分区域 D 的边界曲线由直角坐标方程表示，但积分区域 D 的边界由圆弧、射线组成且被积函数为 $x^2+y^2, \dfrac{x}{y}$ 等形式时，用极坐标进行计算较为方便.

例 2 求球面 $x^2+y^2+z^2=R^2$ 与圆柱面 $x^2+y^2=Rx(R>0)$ 所围成的立体的体积.

解 由于对称性,所求立体的体积是如图 3-20 所示阴影部分体积的 4 倍,图中阴影部分立体是以曲面

$$z=\sqrt{R^2-x^2-y^2}$$

为顶、以 xOy 平面上区域

$$D=\left\{(x,y)\,\middle|\,0\leqslant x\leqslant R,0\leqslant y\leqslant\sqrt{Rx-x^2}\right\},$$

为底的曲顶柱体,可采用极坐标来计算. 曲面方程为 $z=\sqrt{R^2-r^2}$ 区域 D 表示为:

$$D=\left\{(r,\theta)\,\middle|\,0\leqslant r\leqslant R\cos\theta,0\leqslant\theta\leqslant\frac{\pi}{2}\right\}.$$

所以有

$$
\begin{aligned}
V &=4\iint\limits_{D}\sqrt{R^2-r^2}\cdot r\mathrm{d}r\mathrm{d}\theta \\
&=4\int_0^{\frac{\pi}{2}}\mathrm{d}\theta\int_0^{R\cos\theta}\sqrt{R^2-r^2}\cdot r\mathrm{d}r \\
&=4\int_0^{\frac{\pi}{2}}\left[-\frac{1}{3}(R^2-r^2)^{\frac{3}{2}}\right]_0^{R\cos\theta}\mathrm{d}\theta \\
&=\frac{4}{3}R^3\int_0^{\frac{\pi}{2}}(1-\sin^3\theta)\mathrm{d}\theta \\
&=\frac{4R^3}{3}\left(\frac{\pi}{2}-\frac{2}{3}\right).
\end{aligned}
$$

例 3 计算积分 $\iint\limits_{D}\mathrm{e}^{-(x^2+y^2)}\mathrm{d}\sigma$,其中积分区域 D 是由 $x^2+y^2=4$ 所围成的闭区域.

解 由于极点在区域 D 的内部

$$D=\{(r,\theta)\,|\,0\leqslant r\leqslant 2,0\leqslant\theta\leqslant 2\pi\},$$

则

$$
\begin{aligned}
\iint\limits_{D}\mathrm{e}^{-(x^2+y^2)}\mathrm{d}\sigma &=\int_0^{2\pi}\mathrm{d}\theta\int_0^2\mathrm{e}^{-r^2}r\mathrm{d}r \\
&=-\frac{1}{2}\int_0^{2\pi}\mathrm{d}\theta\int_0^2\mathrm{e}^{-r^2}\mathrm{d}(-r^2) \\
&=-\frac{1}{2}(\mathrm{e}^{-4}-1)\int_0^{2\pi}\mathrm{d}\theta \\
&=\pi(1-\mathrm{e}^{-4}).
\end{aligned}
$$

习题 3—7

利用极坐标计算下列二重积分:

1. $\iint\limits_{D}\ln(1+x^2+y^2)\mathrm{d}\sigma$,其中积分区域

$$D=\{(x,y)\,|\,x^2+y^2\leqslant 1,x\geqslant 0,y\geqslant 0\}.$$

2. $\iint\limits_{D}\mathrm{e}^{x^2+y^2}\mathrm{d}\sigma$,其中积分区域

$$D=\{(x,y)\,|\,x^2+y^2\leqslant 4\}.$$

3. $\displaystyle\iint\limits_{D}\sin\sqrt{x^2+y^2}\,\mathrm{d}\sigma$，其中积分区域 $D=\{(x,y)\,|\,\pi^2\leqslant x^2+y^2\leqslant 4\pi^2\}$.

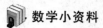 **数学小资料**

数学软件

数学软件就是专门用来进行数学运算、数学规划、统计运算、工程运算、绘制数学图形或制作数学动画的软件.

强大的数学软件有：MATLAB 数学软件.

著名的数学软件有：MATLAB,Mathematica,Maple,MathCad,Scilab,SAGE 等.

著名的统计软件有：SAS,SPSS,Minitab 等.

数学规划的软件有：Lingo,Lindo 等.

绘图软件有：几何画板、MATLAB 等.

数学打字软件有：Mathtype,Latex 等.

工程计算软件有：Ansys(有限元软件)等.

数学软件基本分为三类：

1. 数值计算的软件,如 MATLAB(商业软件),Scilab(开源自由软件)等；

2. 统计软件,如 SAS(商业软件),Minitab(商业软件),SPSS(商业软件),R(开源自由软件)等；

3. 符号运算软件,这种是最绝妙的,不像前两种那样只能计算出数值,而是可以把符号表达成的公式、方程进行推导和化简,可以求出微分积分的表达式,代表有 Maple(商业软件),Mathematica(商业软件),Maxima(开源自由软件),MathCad(商业软件)等.

处理数学问题的应用软件为计算机解决现代科学技术各领域中所提出的数学问题提供求解手段. 数学软件又是组成许多应用软件的基本构件.

数学软件由算法标准程序发展而来,大致形成于 70 年代初期. 随着几大数学软件工程的开展,如美国的 NATS 工程,人们探索了产生高质量数学软件的方式、方法和技术. 经过长期积累,已有丰富的、涉及广泛数学领域的数学软件. 某些领域,如数值代数、常微分方程方面的数学软件已日臻完善. 其他领域也有重要进展,如偏微分方程和积分方程等. 这些数学软件已成为算法研究、科学计算和应用软件开发的有力工具.

数学软件包含丰富的内容,大致可分为数值软件和公式处理系统两类.

应用数值方法求解数学问题的软件,用离散形式或其他近似形式给出解. 数值软件产品可划分为数学程序库、数学软件包和数学软件系统等三个级别.

综合性数学程序库涉及广泛的数学领域. 库的组成以算法程序为主,辅以问题解算程序和功能模块,目前已有多种产品,但各有侧重. 例如,有的侧重数值代数和统计计算；有的在数值积分、微分方程等领域有较强的处理功能；有的以插值和逼近见长.

数学软件包是专为某个科目或某种应用设计的程序构件集合. 专用软件包通常是对处理对象做深入的研究后产生的,有更好的适应性和更强的处理能力. 它们是程序库和应用软件的重要资源．专用性的数学软件包名目繁多，如有解一类数学问题的，有供算法研究的，有供教学用的．

　　数学软件系统是面向一类数学问题的应用系统，有完备的控制管理系统和用户界面语言系统．它能根据用户阐明的数学问题，自动判断问题提出的合理性、完备性，分析问题的类型、特性，选择适宜的算法，或随解算过程动态选择算法，自动处理或报告解算过程出现的问题，验证结果的精度．这是一类高水平的数学软件，使用简便．

　　利用计算机作符号演算来完成数学推导，用数学表达式形式给出解．例如，作函数展开、代数演算、函数求导求积、代数方程和微分方程求解的软件等．用户利用公式处理系统，可以快速准确地完成公式推导，进行数学问题的加工处理．

第四章 级　　数

【内容提要】级数是研究无限个离散量的数学模型,它是表示函数、研究函数性质和进行数值计算等方面的重要数学工具,在工程技术领域,尤其是电工电子中有着广泛的应用.本章先介绍级数的概念及敛散性,讨论常数项级数的敛散性,在此基础上讨论幂级数,介绍如何将函数展开成幂级数和傅里叶级数.

【预备知识】数列的概念,等比数列,数列的极限求法,数列有界,基本微分运算、基本积分运算方法.

【学习目标】

1. 理解级数的概念,会判断正项级数、交错级数的敛散性;

2. 会求幂级数的收敛半径与收敛域,会用间接方法把函数展开成幂级数;

3. 会把简单的周期为 2π 的函数展开成傅里叶级数.

第一节　级数的概念与敛散性

一、级数的概念

我国古代思想家庄子提出的"一尺之棰,日取其半,万世不竭."就是说一个有限的物体,却可以无限地分割下去.用数学语言写成如下表达式:

$$1 = \frac{1}{2} + \frac{1}{2^2} + \frac{1}{2^3} + \cdots + \frac{1}{2^n} + \cdots. \tag{4-1}$$

这说明常数 1 可以用无限个离散的数 $\frac{1}{2}, \frac{1}{2^2}, \frac{1}{2^3}, \cdots, \frac{1}{2^n}, \cdots$ 的和表示出来.

像这样的无限个离散量的和就是我们所要研究的级数.

定义 1　设给定一个数列 $u_1, u_2, \cdots, u_n, \cdots$,则表达式

$$u_1 + u_2 + u_3 + \cdots + u_n + \cdots$$

称为**无穷级数**,简称**级数**,记为 $\sum\limits_{n=1}^{\infty} u_n$,其中,第 n 项 u_n 称为级数的**一般项**或**通项**.

例如:

(1) $\sum\limits_{n=1}^{\infty} \frac{1}{n} = 1 + \frac{1}{2} + \frac{1}{3} + \cdots + \frac{1}{n} + \cdots$

(2) $\sum\limits_{n=1}^{\infty} \frac{1}{n(n+1)} = \frac{1}{1 \times 2} + \frac{1}{2 \times 3} + \frac{1}{3 \times 4} + \cdots + \frac{1}{n(n+1)} + \cdots$

(3) $\displaystyle\sum_{n=1}^{\infty} aq^{n-1}=a+aq+aq^2+\cdots+aq^{n-1}+\cdots(a,q\text{ 为常数})$

(4) $\displaystyle\sum_{n=1}^{\infty} \frac{1}{n^p}=1+\frac{1}{2^p}+\frac{1}{3^p}+\cdots+\frac{1}{n^p}+\cdots(p>0)$

(5) $\displaystyle\sum_{n=1}^{\infty} x^{n-1}=1+x+x^2+x^3+\cdots+x^{n-1}+\cdots$

(6) $\displaystyle\sum_{n=1}^{\infty} \frac{(-1)^{n+1}}{n}\sin nx=\sin x-\frac{1}{2}\sin 2x+\frac{1}{3}\sin 3x-\cdots+\frac{(-1)^{n+1}}{n}\sin nx+\cdots$

这些都是级数和. 当级数的各项都是常数时, 称为**常数项级数**, 如上述级数(1)(2)(3)(4)都是常数项级数; 当级数的各项都是函数时, 称为**函数项级数**, 如级数(5)与(6)都是函数项级数.

二、级数的敛散性

1. 级数的收敛与发散的概念

级数是无穷多个数的累加, 不能像通常计算有限个数之和那样直接将它们逐项相加. 可以先求有限项的和, 然后运用极限的方法来解决无穷项的累加问题.

设级数 $\displaystyle\sum_{n=1}^{\infty} u_n$ 的前 n 项和为

$$S_n=u_1+u_2+u_3+\cdots+u_n,$$

称为**级数的部分和**, 记为 $S_n=\displaystyle\sum_{i=1}^{n} u_i$.

数列 $\quad S_1=u_1,S_2=u_1+u_2,S_3=u_1+u_2+u_3,\cdots,S_n=u_1+u_2+u_3+\cdots+u_n,\cdots$

称为级数 $\displaystyle\sum_{i=1}^{n} u_i$ 的**部分和数列**, 记为 $\{S_n\}$.

定义 2 设级数为 $\displaystyle\sum_{n=1}^{\infty} u_n$, 若当 $n\to\infty$, 数列 $\{S_n\}$ 的极限存在,

$$\lim_{n\to\infty} S_n=S,$$

则称级数 $\displaystyle\sum_{n=1}^{\infty} u_n$ 是**收敛的**, 称 S 为该级数的**和**, 即

$$S=u_1+u_2+u_3+\cdots+u_n+\cdots.$$

若当 $n\to\infty$ 时, $\{S_n\}$ 的极限不存在, 则称此级数是**发散的**, 这时级数的和不存在. 级数的收敛与发散统称为级数的**敛散性**.

例 1 判断下列级数的敛散性:

(1) $\displaystyle\sum_{n=1}^{\infty} \frac{1}{n(n+1)}=\frac{1}{1\times 2}+\frac{1}{2\times 3}+\frac{1}{3\times 4}+\cdots+\frac{1}{n(n+1)}+\cdots$

(2) $\displaystyle\sum_{n=1}^{\infty} aq^{n-1}=a+aq+aq^2+\cdots+aq^{n-1}+\cdots(a,q\text{ 为常数})$

解 (1)级数的部分和为

$$S_n=\left(1-\frac{1}{2}\right)+\left(\frac{1}{2}-\frac{1}{3}\right)+\left(\frac{1}{3}-\frac{1}{4}\right)+\cdots+\left(\frac{1}{n}-\frac{1}{n+1}\right)=1-\frac{1}{n+1},$$

因为

$$\lim_{n\to\infty} S_n=1-\frac{1}{n+1}=1,$$

所以级数 $\sum\limits_{n=1}^{\infty} \dfrac{1}{n(n+1)}$ 收敛,其和 $S=1$.

(2)的级数的部分和为

$$S_n = \frac{a(1-q^n)}{1-q}.$$

分三种情况讨论:

① 当 $|q|<1$ 时,由于 $\lim\limits_{n\to\infty} q^n = 0$,得到 $\lim\limits_{n\to\infty} S_n = \dfrac{a}{1-q}$,所以此级数收敛,其和为 $S=\dfrac{a}{1-q}$.

② 当 $|q|>1$ 时,由于 $\lim\limits_{n\to\infty} q^n = \infty$,得到 $\lim\limits_{n\to\infty} S_n$ 不存在,所以级数发散.

③ 当 $|q|=1$ 时,级数化为

$$a+a+a+\cdots+a+\cdots$$

或

$$a-a+a-\cdots+(-1)^{n-1}a+\cdots.$$

对于级数 $\qquad\qquad a+a+a+\cdots+a+\cdots,$

由于 $\lim\limits_{n\to\infty} S_n = na = \infty$,所以级数发散.

对于级数 $\qquad\qquad a-a+a-\cdots+(-1)^{n-1}a+\cdots$

由于部分和 $S_1=a$,$S_2=0$,$S_3=a$,$\cdots$,$S_n=(-1)^{n-1}a\cdots$

$S_{2n-1}=a$,$S_{2n}=0$,得到 $\lim\limits_{n\to\infty} S_n$ 不存在,所以级数发散.

综上所述,当 $|q|<1$ 时,级数收敛;当 $|q|\geqslant 1$ 时,级数发散. 此级数称为**等比级数**,又称为**几何级数**.

下面的两个级数也是常用的级数:

p - 级数:$\sum\limits_{n=1}^{\infty} \dfrac{1}{n^p} = 1 + \dfrac{1}{2^p} + \dfrac{1}{3^p} + \cdots + \dfrac{1}{n^p} + \cdots (p>0)$

调和级数:$\sum\limits_{n=1}^{\infty} \dfrac{1}{n} = 1 + \dfrac{1}{2} + \dfrac{1}{3} + \cdots + \dfrac{1}{n} + \cdots$

2. 级数的收敛与发散的性质

根据数列极限的有关性质和数项级数收敛、发散及和的概念,可以得到的下列性质.

性质 1 (级数收敛的必要条件)若级数 $\sum\limits_{n=1}^{\infty} u_n$ 收敛,则 $\lim\limits_{n\to\infty} u_n = 0$.

性质 2 级数 $\sum\limits_{n=1}^{\infty} u_n$ 和级数 $\sum\limits_{n=1}^{\infty} ku_n (k\neq 0$ 是常数)敛散性相同,且若级数 $\sum\limits_{n=1}^{\infty} u_n$ 的和为 S,则 $\sum\limits_{n=1}^{\infty} ku_n$ 的和为 kS.

性质 3 若级数 $\sum\limits_{n=1}^{\infty} u_n$ 和 $\sum\limits_{n=1}^{\infty} v_n$ 都收敛,其和分别为 S_1 和 S_2,则级数 $\sum\limits_{n=1}^{\infty} (u_n \pm v_n)$ 也收敛,且其和为 $S_1 \pm S_2$.

性质 4 一个级数增加或减少有限项,级数的敛散性不变.

性质 5 收敛级数加括号后所成的级数仍是收敛级数且其和不变.

性质 6 若 $v_n \leqslant u_n \leqslant w_n$,且 $\sum\limits_{n=1}^{\infty} v_n$ 和 $\sum\limits_{n=1}^{\infty} w_n$ 都收敛,则 $\sum\limits_{n=1}^{\infty} u_n$ 也收敛.

三、数项级数的审敛法

由级数收敛和发散的定义、基本性质可以判断级数的敛散性,但仅仅利用这些方法,很难判断某些级数的敛散性,下面介绍常用的数项级数的审敛方法.

1. 正项级数及其审敛法

定义 3 若级数的每一项 $u_n \geqslant 0 (n=1,2,3,\cdots)$,则级数 $\sum\limits_{n=1}^{\infty} u_n$ 称为正项级数.

定理 1 正项级数收敛的充分必要条件是它的部分和数列有界.

定理 2 (比较审敛法)设 $\sum\limits_{n=1}^{\infty} u_n$ 和 $\sum\limits_{n=1}^{\infty} v_n$ 都是正项级数,且 $u_n \leqslant v_n$,则

(1)若级数 $\sum\limits_{n=1}^{\infty} v_n$ 收敛,则级数 $\sum\limits_{n=1}^{\infty} u_n$ 也收敛;

(2)若级数 $\sum\limits_{n=1}^{\infty} u_n$ 发散,则级数 $\sum\limits_{n=1}^{\infty} v_n$ 也发散.

比较审敛法是把级数和某个已知敛散性的级数进行比较,通过比较对应项的大小,来判断给定级数的敛散性.

例 2 判断级数 $\sum\limits_{n=1}^{\infty} \left(\dfrac{n}{2n+1}\right)^n$ 的敛散性.

解 级数的一般项 $u_n = \left(\dfrac{n}{2n+1}\right)^n = \left(\dfrac{1}{2+\dfrac{1}{n}}\right)^n < \dfrac{1}{2^n}$,而几何级数 $\sum\limits_{n=1}^{\infty} \dfrac{1}{2^n}$ 收敛,由比较审敛法知,级数 $\sum\limits_{n=1}^{\infty} \left(\dfrac{n}{2n+1}\right)^n$ 收敛.

由于应用比较审敛法时,不易找到作比较的已知级数,下面介绍一种比较实用的从级数本身判断级数敛散性的方法——达朗贝尔比值审敛法.

定理 3 (达朗贝尔比值审敛法)设 $\sum\limits_{n=1}^{\infty} u_n$ 是正项级数,且 $\lim\limits_{n \to \infty} \dfrac{u_{n+1}}{u_n} = \rho$,则

(1)当 $\rho < 1$ 时,级数收敛;

(2)当 $\rho > 1$ 时,级数发散;

(3)当 $\rho = 1$ 时,级数可能收敛也可能发散.

例 3 判断下列级数的敛散性:

(1) $\sum\limits_{n=1}^{\infty} \dfrac{2n-1}{2^n}$;　　　　　　(2) $\sum\limits_{n=1}^{\infty} \dfrac{n!}{4^n}$.

解 (1) $\lim\limits_{n \to \infty} \dfrac{u_{n+1}}{u_n} = \lim\limits_{n \to \infty} \dfrac{2(n+1)-1}{2^{n+1}} \cdot \dfrac{2^n}{2n-1} = \lim\limits_{n \to \infty} \dfrac{2n+1}{2(2n-1)} = \dfrac{1}{2} < 1$,由比值审敛法知,级数 $\sum\limits_{n=1}^{\infty} \dfrac{2n-1}{2^n}$ 收敛.

(2) $\lim\limits_{n \to \infty} \dfrac{u_{n+1}}{u_n} = \lim\limits_{n \to \infty} \dfrac{(n+1)!}{4^{n+1}} \cdot \dfrac{4^n}{n!} = \lim\limits_{n \to \infty} \dfrac{n+1}{4} = \infty$,由比值审敛法知,级数 $\sum\limits_{n=1}^{\infty} \dfrac{n!}{4^n}$ 发散.

应特别指出,当 $\lim\limits_{n \to \infty} \dfrac{u_{n+1}}{u_n} = \rho = 1$ 时,比值审敛法失效,此时应采取其他方法判断级数的敛散性.

利用比较审敛法与比值审敛法,可以判定 p —级数 $\sum\limits_{n=1}^{\infty} \dfrac{1}{n^p}$,有以下结论:

(1)当 $p>1$ 时,级数收敛;

(2)当 $p \leqslant 1$ 时,级数发散.

2. 交错级数及其审敛法

定义 4 若 $u_n>0(n=1,2,\cdots)$,则级数 $\sum\limits_{n=1}^{\infty}(-1)^{n-1}u_n$ 称为**交错级数**.

例如,级数 $\sum\limits_{n=1}^{\infty}(-1)^{n-1}\dfrac{1}{n}=1-\dfrac{1}{2}+\dfrac{1}{3}-\dfrac{1}{4}+\cdots+(-1)^{n-1}\dfrac{1}{n}+\cdots$ 是交错级数.

判断交错级数的敛散性有下面的莱布尼茨判断法.

定理 4 (莱布尼茨判断法)若交错级数 $\sum\limits_{n=1}^{\infty}(-1)^{n-1}u_n$ 满足条件:

(1) $u_n \geqslant u_{n+1}(n=1,2,\cdots)$;

(2) $\lim\limits_{n \to \infty}u_n=0.$

则级数 $\sum\limits_{n=1}^{\infty}(-1)^{n-1}u_n$ 收敛,且其和 $S \leqslant u_1.$

例 4 判断交错级数 $1-\dfrac{1}{2}+\dfrac{1}{3}-\dfrac{1}{4}+\cdots+(-1)^{n-1}\dfrac{1}{n}+\cdots$ 的敛散性.

解 此交错级数 $u_n=\dfrac{1}{n}$, $u_{n+1}=\dfrac{1}{n+1}$,满足条件:

(1) $u_n=\dfrac{1}{n}>\dfrac{1}{n+1}=u_{n+1}$;(2) $\lim\limits_{n \to \infty}u_n=\lim\limits_{n \to \infty}\dfrac{1}{n}=0.$

由莱布尼茨判断法知此级数收敛.

3. 绝对收敛与条件收敛

若数项级数 $\sum\limits_{n=1}^{\infty}u_n$ 中, $u_n(n=1,2,\cdots)$ 为任意实数,则称级数为**任意项级数**.

定义 5 对于任意项级数 $\sum\limits_{n=1}^{\infty}u_n$,各项取绝对值得到一个正项级数 $\sum\limits_{n=1}^{\infty}|u_n|$,若 $\sum\limits_{n=1}^{\infty}|u_n|$ 收

敛,则称 $\sum\limits_{n=1}^{\infty}u_n$ 是**绝对收敛**;若只有 $\sum\limits_{n=1}^{\infty}u_n$ 收敛而 $\sum\limits_{n=1}^{\infty}|u_n|$ 发散,则称 $\sum\limits_{n=1}^{\infty}u_n$ 是**条件收敛**.

若 $\sum\limits_{n=1}^{\infty}|u_n|$ 收敛,由于 $-|u_n| \leqslant u_n \leqslant |u_n|$,则由级数的性质知, $\sum\limits_{n=1}^{\infty}u_n$ 收敛.

定理 5 绝对收敛的级数必是收敛的.

例 5 判断级数 $\sum\limits_{n=1}^{\infty}\dfrac{\sin n\theta}{2^n}(\theta$ 为实数)的敛散性.

解 对于正项级数 $\sum\limits_{n=1}^{\infty}\dfrac{|\sin n\theta|}{2^n}$,由于

$$\dfrac{|\sin n\theta|}{2^n} \leqslant \dfrac{1}{2^n}, \text{所以} \sum\limits_{n=1}^{\infty}\dfrac{1}{2^n}\text{收敛},$$

由比较审敛法知,级数 $\sum\limits_{n=1}^{\infty}\dfrac{|\sin n\theta|}{2^n}$ 收敛.

根据定义 5 知，$\sum\limits_{n=1}^{\infty} \dfrac{\sin n\theta}{2^n}$ 是绝对收敛的，再由定理 5 知它是收敛的．

习题 4—1

1. 判断下列正项级数的敛散性．

(1) $\sum\limits_{n=1}^{\infty} \dfrac{1}{(2n-1)(2n+1)}$；

(2) $\sum\limits_{n=1}^{\infty} \left(\dfrac{1}{3^n}+\dfrac{3}{4^n}\right)$；

(3) $\sum\limits_{n=1}^{\infty} \dfrac{3^n}{n \cdot 2^n}$；

(4) $\sum\limits_{n=1}^{\infty} \dfrac{2n}{5n-2}$；

(5) $\sum\limits_{n=1}^{\infty} \ln \dfrac{n+1}{n}$；

(6) $\sum\limits_{n=1}^{\infty} \dfrac{1}{3(n+1)!}$．

2. 判断下列交错级数的敛散性．

(1) $\sum\limits_{n=1}^{\infty} (-1)^{n-1}\dfrac{n^2}{n!}$；

(2) $\sum\limits_{n=1}^{\infty} \dfrac{(-1)^n}{n \cdot 2^n}$；

(3) $\sum\limits_{n=1}^{\infty} (-1)^{n-1}\dfrac{1}{\sqrt[5]{n}}$；

(4) $\sum\limits_{n=1}^{\infty} (-1)^n \dfrac{4n-1}{n^2+n}$．

3. 证明级数 $\sum\limits_{n=1}^{\infty} \dfrac{\cos n\theta}{3^n+1}$（$\theta$ 为实数）绝对收敛．

第二节 幂 级 数

一、幂级数与收敛半径

定义 1 若级数

$$u_1(x)+u_2(x)+\cdots+u_n(x)+\cdots$$

的各项都是定义在某个区间上的函数，则称此级数为**函数项级数**，$u_n(x)$ 称为**一般项**或**通项**．

下面讨论各项都是幂函数形式的函数项级数，即幂级数．

定义 2 形如

$$\sum_{n=0}^{\infty} a_n(x-x_0)^n=a_0+a_1(x-x_0)+a_2(x-x_0)^2+\cdots+a_n(x-x_0)^n+\cdots \quad (4-2)$$

的函数项级数，称为 $x-x_0$ 的**幂级数**，其中，常数 $a_0,a_1,a_2,\cdots,a_n,\cdots$ 称为**幂级数的系数**．

当 $x_0=0$ 时，幂级数为

$$\sum_{n=0}^{\infty} a_n x^n=a_0+a_1 x+a_2 x^2+\cdots+a_n x^n+\cdots \quad (4-3)$$

称为 x 的**幂级数**．

若作变换 $y=x-x_0$，则级数 $(4-2)$ 就化成为级数 $(4-3)$．因此，以下我们只讨论幂函数 $\sum\limits_{n=0}^{\infty} a_n x^n$．

考察幂级数 $\sum\limits_{n=1}^{\infty} x^{n-1} = 1 + x + x^2 + x^3 + \cdots + x^{n-1} + \cdots$

当 $|x| < 1$ 时，$\sum\limits_{n=1}^{\infty} x^{n-1}$ 是几何级数，因此幂级数是收敛的；

当 $|x| \geqslant 1$ 时，此幂级数是发散的.

幂级数 $\sum\limits_{n=1}^{\infty} x^{n-1}$ 在开区间 $(-1,1)$ 内收敛，$(-1,1)$ 称为它的收敛域.

一般地，幂级数(4-3)的收敛域是以原点为中心的区间，若以 $2R$ 表示区间的长度，则称 R 为幂级数的**收敛半径**.

显然幂级数 $\sum\limits_{n=1}^{\infty} x^{n-1}$ 的收敛半径为 $R=1$.

定理 1 若幂级数 $\sum\limits_{n=0}^{\infty} a_n x^n$ 的系数满足

$$\lim_{n \to \infty} \left| \frac{a_{n+1}}{a_n} \right| = \rho,$$

则

(1)当 $0 < \rho < +\infty$ 时，收敛半径 $R = \dfrac{1}{\rho}$；

(2)当 $\rho = 0$ 时，收敛半径 $R = +\infty$；

(3)当 $\rho = +\infty$ 时，收敛半径 $R = 0$.

在求幂级数的收敛域时，当 $R \neq 0$ 时，这时幂级数的收敛区间为 $(-R, R)$. 但是当 $x = \pm R$ 时，由定理 1 不能判断幂级数是否收敛，这时可将 $x = R$ 或 $x = -R$ 代入幂级数，利用数项级数的审敛法判断其敛散性，由收敛区间内的点和收敛的端点就构成幂级数的收敛域.

例 1 求幂级数 $\sum\limits_{n=1}^{\infty} \dfrac{x^n}{n!}$ 的收敛半径与收敛域.

解 由定理 1 可知

收敛半径 $\quad R = \lim\limits_{n \to \infty} \left| \dfrac{a_n}{a_{n+1}} \right| = \lim\limits_{n \to \infty} \dfrac{\dfrac{1}{n!}}{\dfrac{1}{(n+1)!}} = \lim\limits_{n \to \infty} (n+1) = +\infty,$

所以它的收敛域为 $(-\infty, +\infty)$.

例 2 求幂级数 $\sum\limits_{n=1}^{\infty} (-1)^{n-1} \dfrac{x^n}{n}$ 的收敛半径与收敛域.

解 收敛半径 $R = \lim\limits_{n \to \infty} \left| \dfrac{a_n}{a_{n+1}} \right| = \lim\limits_{n \to \infty} \left| \dfrac{(-1)^{n-1} \dfrac{1}{n}}{(-1)^n \dfrac{1}{(n+1)}} \right| = \lim\limits_{n \to \infty} \dfrac{n+1}{n} = 1.$

则幂级数在 $(-1,1)$ 内收敛. 当 $x = 1$ 时，幂级数为数项级数

$$1 - \frac{1}{2} + \frac{1}{3} - \frac{1}{4} + \cdots + (-1)^{n-1} \frac{1}{n} + \cdots,$$

是收敛的交错级数.

当 $x = -1$，幂级数为数项级数

$$-1-\frac{1}{2}-\frac{1}{3}-\frac{1}{4}-\cdots-\frac{1}{n}-\cdots=-\left(1+\frac{1}{2}+\frac{1}{3}+\cdots+\frac{1}{n}+\cdots\right),$$

由调和级数发散知此级数发散.

所以原幂级数的收敛域是$(-1,1]$.

例 3 求幂级数 $\sum\limits_{n=1}^{\infty}\frac{(x-1)^n}{2^n n}$ 的收敛域.

解 设 $t=x-1$,则此级数为 t 的幂级数 $\sum\limits_{n=1}^{\infty}\frac{t^n}{2^n n}$,于是收敛半径

$$R=\lim_{n\to\infty}\left|\frac{a_n}{a_{n+1}}\right|=\lim_{n\to\infty}\frac{2^{n+1}(n+1)}{2^n\cdot n}=2.$$

当 $t=2$ 时,级数为调和级数 $\sum\limits_{n=1}^{\infty}\frac{1}{n}$,级数发散;当 $t=-2$ 时,级数为交错级数 $\sum\limits_{n=1}^{\infty}\frac{(-1)^n}{n}$,级数收敛.

级数的收敛域为 $-2\leqslant t<2$,由于 $t=x-1$,即 $-2\leqslant x-1<2$,得 $-1\leqslant x<3$,所以所求级数的收敛域为 $[-1,3)$.

二、幂级数的运算

利用幂级数解决实际问题时,有时需要对幂级数进行加、减、乘以及求导数和求积分等运算,下面我们讨论幂级数的运算.

设两幂级数 $\sum\limits_{n=0}^{\infty}a_n x^n$ 及 $\sum\limits_{n=0}^{\infty}b_n x^n$ 的和函数分别为 $f(x)$ 和 $g(x)$,即

$$f(x)=a_0+a_1 x+a_2 x^2+\cdots+a_n x^n+\cdots,$$
$$g(x)=b_0+b_1 x+b_2 x^2+\cdots+b_n x^n+\cdots,$$

其中,$\sum\limits_{n=0}^{\infty}a_n x^n$ 的收敛半径为 R_1,$\sum\limits_{n=0}^{\infty}b_n x^n$ 的收敛半径为 R_2,且 $R=\min\{R_1,R_2\}$.

于是有幂级数的运算法则:

法则 1 (加减运算) $\sum\limits_{n=0}^{\infty}a_n x^n\pm\sum\limits_{n=0}^{\infty}b_n x^n=\sum\limits_{n=0}^{\infty}(a_n\pm b_n)x^n=f(x)\pm g(x)$,且收敛半径为 R.

法则 2 (乘法运算)

$$\left(\sum_{n=0}^{\infty}a_n x^n\right)\left(\sum_{n=0}^{\infty}b_n x^n\right)=a_0 b_0+(a_0 b_1+a_1 b_0)x+(a_0 b_2+a_1 b_1+a_2 b_0)x^2+\cdots+$$
$(a_0 b_n+a_1 b_{n-1}+\cdots+a_n b_0)x^n+\cdots=f(x)\cdot g(x)$,且收敛半径为 R.

法则 3 (微分运算) $\left(\sum\limits_{n=0}^{\infty}a_n x^n\right)'=\sum\limits_{n=0}^{\infty}(a_n x^n)'=\sum\limits_{n=0}^{\infty}na_n x^{n-1}=f'(x)$,且收敛半径为 R_1.

法则 4 (积分运算) $\int_0^x\sum\limits_{n=0}^{\infty}a_n t^n\,\mathrm{d}t=\sum\limits_{n=0}^{\infty}\int_0^x a_n t^n\,\mathrm{d}t=\sum\limits_{n=0}^{\infty}\frac{a_n}{n+1}x^{n+1}=\int_0^x f(t)\,\mathrm{d}t$,且收敛半径为 R_1.

例4 求幂级数 $\sum\limits_{n=1}^{\infty} x^{n-1}=1+x+x^2+x^3+\cdots+x^{n-1}+\cdots$ 的和函数,并求和函数的导数与积分.

解 因为幂级数 $\sum\limits_{n=0}^{\infty} x^n=1+x+x^2+x^3+\cdots+x^n+\cdots$ 是公比为 x 的等比级数,它的收收敛半径为 $R=1$,收敛域为 $(-1,1)$. 所以其和函数为

$$\sum_{n=0}^{\infty} x^n=1+x+x^2+x^3+\cdots+x^{n-1}+\cdots=\frac{1}{1-x}. \tag{4-4}$$

对(4-4)两边求导,得

$$\sum_{n=1}^{\infty} nx^{n-1}=1+2x+3x^2+\cdots+(n+1)x^n+\cdots=\left(\frac{1}{1-x}\right)'=\frac{1}{(1-x)^2}.$$

对(4-4)两边积分,得

$$\sum_{n=0}^{\infty} \frac{x^{n+1}}{n+1}=x+\frac{1}{2}x^2+\frac{1}{3}x^3+\cdots+\frac{1}{n}x^n+\cdots=\int_0^x \frac{1}{1-t}dt=-\ln(1-x).$$

例5 用微分运算、积分运算的方法求下列各级数的和函数.

(1) $f(x)=1-2x+3x^2+\cdots+(-1)^n(n+1)x^n+\cdots$

(2) $g(x)=x-\frac{x^3}{3}+\frac{x^5}{5}-\cdots+(-1)^{n-1}\frac{x^{2n-1}}{2n-1}+\cdots$

解 (1)两边积分,得 $\int_0^x f(t)dt=x-x^2+x^3+\cdots+(-1)^n x^{n+1}+\cdots=\frac{x}{1+x}$,

上式两边求导数 $f(x)=\left[\int_0^x f(t)dt\right]'=\left(\frac{x}{1+x}\right)'=\frac{1}{(1+x)^2}$,

即 $$\frac{1}{(1+x)^2}=1-2x+3x^2+\cdots+(-1)^n(n+1)x^n+\cdots,$$

其中,收敛半径为 $R=1$,收敛域为 $(-1,1)$.

(2)两边求导数 $g'(x)=1-x^2+x^4-\cdots+(-1)^{n-1}x^{2n-2}+\cdots=\frac{1}{1+x^2}$,

由 $$\int_0^x g'(t)dt=g(x)-g(0),$$

则 $$g(x)=g(0)+\int_0^x \frac{dt}{1+t^2}=g(0)+\arctan x.$$

而 $g(0)=0$,则 $g(x)=\arctan x$,于是

$$\arctan x=x-\frac{x^3}{3}+\frac{x^5}{5}-\cdots+(-1)^{n-1}\frac{x^{2n-1}}{2n-1}+\cdots,$$

其中,收敛半径为 $R=1$,收敛域为 $(-1,1]$.

三、函数展开成幂级数

我们知道,$\sum\limits_{n=0}^{\infty} x^n=1+x+x^2+x^3+\cdots+x^{n-1}+\cdots=\frac{1}{1-x},x\in(-1,1)$,反过来说明函数 $\frac{1}{1-x}$ 在 $(-1,1)$ 上可以用一个幂级数表示.

一般地,若一个函数 $f(x)$ 在某个区间上恰好是一个幂级数 $\sum\limits_{n=0}^{\infty} a_n x^n$ 的和函数,则该函数 $f(x)$ 在此区间上可以展开成 x 的幂级数 $\sum\limits_{n=0}^{\infty} a_n x^n$,称幂级数 $\sum\limits_{n=0}^{\infty} a_n x^n$ 为函数 $f(x)$ 在此区间上的**幂级数展开式**.

在研究实际问题中,经常用到以下几个基本的幂级数展开式:

(1) $\dfrac{1}{1-x} = 1 + x + x^2 + x^3 + \cdots + x^{n-1} + \cdots, x \in (-1, 1)$;

(2) $\sin x = x - \dfrac{x^3}{3!} + \dfrac{x^5}{5!} - \dfrac{x^7}{7!} + \cdots + (-1)^n \dfrac{x^{2n+1}}{(2n+1)!} + \cdots, (-\infty < x < +\infty)$;

(3) $\cos x = 1 - \dfrac{x^2}{2!} + \dfrac{x^4}{4!} - \dfrac{x^6}{6!} + \cdots + (-1)^n \dfrac{x^{2n}}{(2n)!} + \cdots, (-\infty < x < +\infty)$;

(4) $e^x = 1 + x + \dfrac{x^2}{2!} + \dfrac{x^3}{3!} + \cdots + \dfrac{x^n}{n!} + \cdots, (-\infty < x < +\infty)$.

利用某些已知函数的幂级数展开式、幂级数在收敛区间上的性质以及代换等,将所给函数展开为幂级数,这种方法叫做**间接展开法**. 通常可以利用这几个基本的幂级数展开式把某些函数展开成幂级数,同时要标出它的收敛域.

例 6 将函数 $f(x) = \dfrac{1}{x-a} (a > 0)$ 展开成幂级数.

解 由于 $f(x) = \dfrac{1}{x-a}$ 与 $\dfrac{1}{1-x}$ 相似,可先将其化为 $\dfrac{1}{x-a} = -\dfrac{1}{a} \cdot \dfrac{1}{1 - \dfrac{x}{a}}$,

$$\frac{1}{1 - \dfrac{x}{a}} = 1 + \frac{x}{a} + \frac{x^2}{a^2} + \frac{x^3}{a^3} + \cdots + \frac{x^n}{a^n} + \cdots,$$

所以

$$\frac{1}{x-a} = -\frac{1}{a} \sum_{n=0}^{\infty} \left(\frac{x}{a}\right)^n = -\sum_{n=0}^{\infty} \frac{x^n}{a^{n+1}},$$

展开式的收敛区间由下式确定:$-1 < \dfrac{x}{a} < 1$,即 $-a < x < a$.

即

$$\frac{1}{x-a} = -\sum_{n=0}^{\infty} \frac{x^n}{a^{n+1}} \quad (-a < x < a).$$

例 7 将函数 $f(x) = \ln(1+x)$ 展开为幂级数.

解
$$f'(x) = [\ln(1+x)]' = \frac{1}{1+x},$$

而
$$\frac{1}{1+x} = \frac{1}{1-(-x)} = \sum_{n=0}^{\infty} (-x)^n = \sum_{n=0}^{\infty} (-1)^n x^n \quad (-1 < x < 1),$$

将上式两边积分

$$\int_0^x \frac{1}{1+t} dt = \int_0^x \sum_{n=0}^{\infty} (-1)^n t^n dt, \text{得}$$

$$\ln(1+x) = \sum_{n=0}^{\infty} \int_0^x (-1)^n t^n dt = \sum_{n=0}^{\infty} \frac{(-1)^n x^{n+1}}{n+1} \quad (-1 < x < 1),$$

即 $\ln(1+x) = \sum\limits_{n=0}^{\infty} \dfrac{(-1)^n x^{n+1}}{n+1} = x - \dfrac{x^2}{2} + \dfrac{x^3}{3} - \cdots + (-1)^{n-1} \dfrac{x^n}{n} + \cdots (-1 < x < 1)$.

习题 4-2

1. 求下列幂级数的收敛区间：

(1) $\sum\limits_{n=0}^{\infty} \dfrac{nx^n}{3^n}$;

(2) $\sum\limits_{n=0}^{\infty} \dfrac{x^n}{2^n n^2}$;

(3) $\sum\limits_{n=0}^{\infty} (-1)^n \dfrac{x^{2n+1}}{2n+1}$;

(4) $\sum\limits_{n=0}^{\infty} \dfrac{(x+2)^n}{n \cdot 2^n}$;

(5) $\sum\limits_{n=0}^{\infty} \dfrac{n!}{n^n} x^n$;

(6) $\sum\limits_{n=0}^{\infty} \dfrac{2^n}{n} (x-1)^n$.

2. 求下列幂级数在收敛区间上的和函数：

(1) $\dfrac{x^2}{1\times 2} + \dfrac{x^3}{2\times 3} + \dfrac{x^4}{3\times 4} + \cdots$;

(2) $\sum\limits_{n=1}^{\infty} 2nx^{2n-1}$.

3. 将下列函数展开成幂级数：

(1) $f(x) = \dfrac{x}{1-x}$;

(2) $f(x) = \ln(1-x)$;

(3) $f(x) = \sin \dfrac{x}{2}$;

(4) $f(x) = \sin^2 x$;

(5) $f(x) = \dfrac{x}{1+x-2x^2}$.

第三节 傅里叶级数

一、傅里叶级数的概念

在自然科学和工程技术中，随处可见周期函数，如单摆的摆动、音叉的振动等都可用正弦函数 $y = A\sin(\omega x + \varphi)$ 来描述．但是复杂的周期函数，如电子技术中常用到的周期为 4 的矩形波、开关元件的频率性态或脉冲的传输问题等就不是简单的正弦周期函数．法国数学家傅里叶发现，任何复杂的周期函数都可以用正弦函数和余弦函数构成的无穷级数来表示．这样表示的级数称为傅里叶级数．

遵循上节介绍过的用幂级数展开式表示函数和讨论函数的方法，我们也将复杂的周期函数表示为无限多个正弦函数与余弦函数之和．

把由 $1, \cos x, \sin x, \cos 2x, \sin 2x, \cdots, \cos nx, \sin nx, \cdots$ 组成的函数序列叫**三角函数系**．

三角函数系具有如下性质：

设 k 与 n 是非负整数，以下定积分成立：

(1) $\int_{-\pi}^{\pi} 1 \times \cos nx \, dx = 0$;

(2) $\int_{-\pi}^{\pi} 1 \times \sin nx \, dx = 0$;

(3) $\int_{-\pi}^{\pi} \sin kx \cos nx \, dx = 0$;

(4) $\int_{-\pi}^{\pi} \cos kx \cos nx \, dx = \begin{cases} 0, & k \neq n, \\ \pi, & k = n \neq 0; \end{cases}$

$$(5) \int_{-\pi}^{\pi} \sin kx \sin nx \, dx = \begin{cases} 0, & k \neq n, \\ \pi, & k = n \neq 0. \end{cases}$$

三角函数系中任何不同的两个函数的乘积在 $[-\pi, \pi]$ 上的定积分为 0，这种性质称为**三角函数系的正交性**.

级数的各项均由三角函数系中的函数构成的函数项级数

$$\frac{a_0}{2} + \sum_{n=1}^{\infty} (a_n \cos nx + b_n \sin nx) \qquad (4-5)$$

称为**三角级数**，也称为**傅里叶级数**. 其中 $a_0, a_n, b_n (n=1, 2, 3, \cdots)$ 都是常数.

二、周期为 2π 的函数的傅里叶级数

在电学中，一个连续的信号，想转成离散的信号传输，可以使用傅里叶变换把它写成傅里叶级数的形式（这是一个无穷的级数和），然后通过滤波舍弃掉过于高频的部分（这部分可以理解为噪声），剩下来的就是一个有限和，那么这个复杂的连续信号就可以用有限个傅里叶系数和相应的三角函数系表示出来，传输时也只用传输这有限个离散量，传输到后，只要通过傅里叶逆变换就又变成原来的信号（去掉高频部分）了.

傅里叶级数的基本思想是用级数 $(4-5)$ 表示一般的周期函数. 下面讨论如何把周期为 2π 的函数展开成傅里叶级数.

这里需解决两个问题：

(1) 什么条件下函数 $f(x)$ 能表示为傅里叶级数？

(2) 如果 $f(x)$ 可以表示为傅里叶级数，常数 $a_0, a_1, b_1, \cdots$ 如何确定？

假设 $f(x)$ 在区间 $[-\pi, \pi]$ 上能展开形成级数 $(4-5)$ 式，即

$$f(x) = \frac{a_0}{2} + \sum_{n=1}^{\infty} (a_n \cos nx + b_n \sin nx), \qquad (4-6)$$

那么级数 $(4-6)$ 式的系数 $a_0, a_n, b_n (n=1, 2, 3, \cdots)$ 与函数 $f(x)$ 有什么关系呢？

对式 $(4-6)$ 在区间 $[-\pi, \pi]$ 上进行积分

$$\int_{-\pi}^{\pi} f(x) \, dx = \frac{a_0}{2} \int_{-\pi}^{\pi} dx + \sum_{k=1}^{\infty} \left(a_k \int_{-\pi}^{\pi} \cos kx \, dx + b_k \int_{-\pi}^{\pi} \sin kx \, dx \right),$$

上式右端除第一项外，其余各项都是零，即根据三角函数系的正交性，可先求 a_0：

$$\int_{-\pi}^{\pi} f(x) \, dx = \frac{a_0}{2} \int_{-\pi}^{\pi} dx = a_0 \pi,$$

即

$$a_0 = \frac{1}{\pi} \int_{-\pi}^{\pi} f(x) \, dx.$$

其次，求 a_n, b_n：

将 $(4-6)$ 式左右两端乘 $\cos kx$，再将左右两端在 $[-\pi, \pi]$ 上积分，有

$$\int_{-\pi}^{\pi} f(x) \cos kx \, dx = \int_{-\pi}^{\pi} \frac{a_0}{2} \cos kx \, dx + \int_{-\pi}^{\pi} \cos kx \sum_{n=1}^{\infty} (a_n \cos nx + b_n \sin nx) \, dx,$$

根据三角函数系的正交性可知，当 $k=n$ 时，等式右端变为

$$\int_{-\pi}^{\pi} a_n \cos kx \cos nx \, dx = \int_{-\pi}^{\pi} a_n \cos^2 nx \, dx = a_n \pi,$$

即

$$a_n = \frac{1}{\pi} \int_{-\pi}^{\pi} f(x) \cos nx \, dx \quad (n=1, 2, 3, \cdots).$$

类似地,将(4—6)式左右两端乘以 $\sin kx$,然后左右两端在$[-\pi,\pi]$上积分,可得

$$b_n = \frac{1}{\pi} \int_{-\pi}^{\pi} f(x)\sin nx dx \quad (n=1,2,3,\cdots).$$

在系数 a_n 的表达式里,当 $n=0$ 时,可得到 a_0 的表达式,因此求系数公式为

$$\begin{cases} a_n = \dfrac{1}{\pi} \displaystyle\int_{-\pi}^{\pi} f(x)\cos nx dx (n=0,1,2,3,\cdots), \\ b_n = \dfrac{1}{\pi} \displaystyle\int_{-\pi}^{\pi} f(x)\sin nx dx (n=1,2,3,\cdots). \end{cases}$$

由上式确定的系数 a_n,b_n 就是函数 $f(x)$ 的傅里叶系数.以函数 $f(x)$ 的傅里叶系数为系数的三角级数 $\dfrac{a_0}{2} + \displaystyle\sum_{n=1}^{\infty} (a_n\cos nx + b_n\sin nx)$ 就是函数 $f(x)$ 的傅里叶级数.表示为(4—6)式.另外,由求系数公式可得如下结论:

(1)若 $f(x)$ 是奇函数,则 $f(x)$ 的傅里叶系数为 $a_0=0$;$a_n=0(n=1,2,\cdots)$;

$$b_n = \frac{2}{\pi} \int_0^{\pi} f(x)\sin nx dx (n=1,2,\cdots).$$

此时奇函数 $f(x)$ 的傅里叶级数是正弦级数 $\displaystyle\sum_{n=1}^{\infty} b_n\sin nx$.

(2)若 $f(x)$ 是偶函数,则 $f(x)$ 的傅里叶系数为 $b_n=0(n=1,2,\cdots)$;

$$a_0 = \frac{2}{\pi} \int_0^{\pi} f(x)dx; a_n = \frac{2}{\pi} \int_0^{\pi} f(x)\cos nx dx (n=1,2,\cdots).$$

此时偶函数 $f(x)$ 的傅里叶级数是余弦级数 $\dfrac{a_0}{2} + \displaystyle\sum_{n=1}^{\infty} a_n\cos nx$.

虽然我们从形式上作出了函数 $f(x)$ 的傅里叶级数(4—6)式,但函数 $f(x)$ 的傅里叶级数(4—6)式是否在$[-\pi,\pi]$上收敛,如果收敛是否一定收敛于函数 $f(x)$,都是我们必须解决的问题.

一般说来,答案不是肯定的,那么 $f(x)$ 究竟满足什么条件时可以展开成傅里叶级数仍然需要解决.下面直接给出一个收敛定理:

定理 (狄利克雷收敛定理)设 $f(x)$ 是周期为 2π 的周期函数,若满足:

(1)在一个周期内连续或只有有限个第一类间断点;

(2)在一个周期内至多只有有限个极值点.

则 $f(x)$ 的傅里叶级数收敛.且

(1)当 x 是 $f(x)$ 的连续点时,级数收敛于 $f(x)$;

(2)当 x 是 $f(x)$ 的间断点时,级数收敛于 $\dfrac{1}{2}[f(x-0)+f(x+0)]$.

由狄利克雷收敛定理可知,只要函数在$[-\pi,\pi]$上至多有有限个第一类间断点,并且不做无限次振动,那么函数的傅里叶级数在连续点处收敛于该点的函数值,在间断点处收敛于该点的左极限与右极限的算术平均值.

例1 设 $f(x)$ 是周期为 2π,振幅为 1 的矩形波(如下页图 4-1)的周期函数,在$[-\pi,\pi]$上的表达式为

$$f(x) = \begin{cases} -1, -\pi \leqslant x < 0, \\ 1, 0 \leqslant x < \pi. \end{cases}$$

试将 $f(x)$ 展开成傅里叶级数.

解　所给函数满足收敛定理的条件,它在 $x=k\pi(k\in\mathbf{Z})$ 处不连续,在其他点处连续,从而由收敛定理知 $f(x)$ 的傅里叶级数收敛,并且

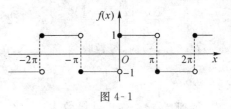

图 4-1

当 $x=k\pi$ 时级数收敛于 $\dfrac{-1+1}{2}=\dfrac{1+(-1)}{2}=0$,

当 $x\neq k\pi$ 时,级数收敛于 $f(x)$.

其系数

$$a_0=\frac{1}{\pi}\int_{-\pi}^{\pi}f(x)\mathrm{d}x=0,$$

$$a_n=\frac{1}{\pi}\int_{-\pi}^{\pi}f(x)\cos nx\mathrm{d}x$$

$$=\frac{1}{\pi}\left[\int_{-\pi}^{0}(-1)\cos nx\mathrm{d}x+\int_{0}^{\pi}1\cdot\cos nx\mathrm{d}x\right]=0(n=0,1,2,\cdots),$$

$$b_n=\frac{1}{\pi}\int_{-\pi}^{\pi}f(x)\sin nx\mathrm{d}x=\frac{1}{\pi}\left[\int_{-\pi}^{0}(-1)\sin nx\mathrm{d}x+\int_{0}^{\pi}1\cdot\sin nx\mathrm{d}x\right]$$

$$=\frac{1}{n\pi}\left[\cos nx\right]_{-\pi}^{0}+\frac{1}{n\pi}\left[-\cos nx\right]_{0}^{\pi}=\frac{2}{n\pi}(1-\cos n\pi).$$

$$=\frac{2}{n\pi}\left[1-(-1)^n\right]=\begin{cases}0,n=2,4,6\cdots,\\[2mm]\dfrac{4}{n\pi},n=1,3,5\cdots.\end{cases}$$

将求得的系数代入(4-6)式,就得到 $f(x)$ 的傅里叶级数展开式为

$$f(x)=\frac{4}{\pi}\left[\sin x+\frac{1}{3}\sin 3x+\cdots+\frac{1}{2n-1}\sin(2n-1)x+\cdots\right](x\in\mathbf{R},x\neq k\pi,k\in\mathbf{Z}).$$

上式表明矩形波可由一系列不同频率的正弦波叠加而成.

例 2　设 $f(x)$ 是周期为 2π 的周期函数,它在 $[-\pi,\pi)$ 上的表达式为

$$f(x)=\begin{cases}x,-\pi\leqslant x<0,\\0,0\leqslant x<\pi.\end{cases}$$

试将其展开成傅里叶级数.

解　所给函数在 $[-\pi,\pi]$ 上满足收敛定理的条件(如图 4-2).

$$a_0=\frac{1}{\pi}\int_{-\pi}^{\pi}f(x)\mathrm{d}x=\frac{1}{\pi}\int_{-\pi}^{0}x\mathrm{d}x=-\frac{\pi}{2},$$

$$a_n=\frac{1}{\pi}\int_{-\pi}^{\pi}f(x)\cos nx\mathrm{d}x=\frac{1}{\pi}\int_{-\pi}^{0}x\cos nx\mathrm{d}x=$$

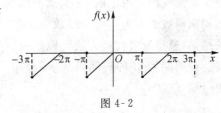

图 4-2

$$\frac{1}{\pi}\left[\frac{x\sin nx}{n}+\frac{\cos nx}{n^2}\right]_{-\pi}^{0}$$

$$=\frac{1}{n^2\pi}(1-\cos nx)=\frac{1}{n^2\pi}\left[1-(-1)^n\right](n=1,2,3\cdots);$$

$$b_n=\frac{1}{\pi}\int_{-\pi}^{\pi}f(x)\sin nx\mathrm{d}x=\frac{1}{\pi}\int_{-\pi}^{0}x\sin nx\mathrm{d}x=\frac{1}{\pi}\left[-\frac{x\cos nx}{n}+\frac{\sin nx}{n^2}\right]_{-\pi}^{0}$$

$$= -\frac{\cos n\pi}{n} = \frac{(-1)^{n+1}}{n} \quad (n=1,2,3\cdots).$$

在 $(-\pi,\pi)$ 内,级数收敛于 $f(x)$,在 $x=-\pi, x=\pi$ 处,级数收敛于

$$\frac{f(x-0)+f(x+0)}{2} = \frac{-\pi+0}{2} = -\frac{\pi}{2}.$$

得到 $f(x)$ 的傅里叶级数为

$$f(x) = -\frac{\pi}{4} + \frac{2}{\pi}\left(\frac{1}{1^2}\cos x + \frac{1}{3^2}\cos 3x + \frac{1}{5^2}\cos 5x + \cdots\right) +$$
$$\left(\sin x - \frac{1}{2}\sin 2x + \frac{1}{3}\sin 3x - \cdots\right).$$

例 3 设 $f(x)$ 是周期为 2π 的周期函数,它在 $[-\pi,\pi)$ 上的表达式为

$$f(x) = \begin{cases} -x, & -\pi \leqslant x < 0, \\ x, & 0 \leqslant x < \pi. \end{cases}$$

试将其展开成傅里叶级数.

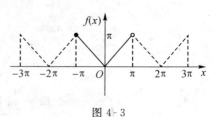

图 4-3

解 所给函数在 $[-\pi,\pi)$ 满足收敛定理的条件,并且在每一点 x 处都连续,由于 $f(x)$ 是偶函数(如图 4-3),故 $b_n=0 (n=1,2,3\cdots)$,

$$a_0 = \frac{1}{\pi}\int_{-\pi}^{\pi} f(x)\mathrm{d}x = \frac{2}{\pi}\int_0^{\pi} x\mathrm{d}x = \frac{1}{\pi}\left[x^2\right]_0^{\pi} = \pi,$$

$$a_n = \frac{1}{\pi}\int_{-\pi}^{\pi} f(x)\cos nx\mathrm{d}x = \frac{2}{\pi}\int_0^{\pi} x\cos nx\mathrm{d}x = \frac{2}{\pi}\left[\frac{x\sin nx}{n} + \frac{\cos nx}{n^2}\right]_0^{\pi} = \frac{2}{n^2\pi}$$

$$(\cos nx - 1) = \frac{1}{n^2\pi}\left[(-1)^n - 1\right] \quad (n=1,2,3\cdots).$$

因此得到 $f(x)$ 的傅里叶级数为

$$f(x) = \frac{\pi}{2} - \frac{4}{\pi}\left[\frac{1}{1^2}\cos x + \frac{1}{3^2}\cos 3x + \frac{1}{5^2}\cos 5x + \cdots + \right.$$
$$\left. \frac{1}{(2n-1)^2}\cos(2n-1)x + \cdots\right].$$

三、以 $2l$ 为周期的函数的傅里叶级数

前面我们讨论了以 2π 为周期的周期函数的傅里叶级数展开式.那么,如何将周期为 $2l$ 的周期函数展开为傅里叶级数? 这个问题,结合前面讨论的周期为 2π 的函数的傅里叶级数的结果,通过变量代换方法可以解决.

设周期为 $2l$ 的周期函数 $f(x)$ 在 $[-l,l]$ 上满足收敛定理的条件,则可得到它的傅里叶级数展开式为

$$f(x) = \frac{a_0}{2} + \sum_{n=1}^{\infty}\left(a_n\cos\frac{n\pi}{l}x + b_n\sin\frac{n\pi}{l}x\right),$$

其中

$$a_0 = \frac{1}{l}\int_{-l}^{l} f(x)\mathrm{d}x,$$

$$a_n = \frac{1}{l}\int_{-l}^{l} f(x)\cos\frac{n\pi}{l}x\mathrm{d}x \quad (n=1,2,3,\cdots),$$

$$b_n = \frac{1}{l}\int_{-l}^{l} f(x)\sin\frac{n\pi}{l}x\mathrm{d}x \quad (n=1,2,3,\cdots)$$

是以 $2l$ 为周期的函数 $f(x)$ 的傅里叶系数.

(1)当 x 为 $f(x)$ 连续点时,级数收敛于 $f(x)$;

(2)当 x 为 $f(x)$ 的间断点时,级数收敛于 $\dfrac{f(x-0)+f(x+0)}{2}$;

(3)当 $x=-l$ 或 l 时,级数收敛于 $\dfrac{f(-l+0)+f(l-0)}{2}$.

例 4 将函数 $f(x)=1-x^2\left(-\dfrac{1}{2}\leqslant l\leqslant\dfrac{1}{2}\right)$ 展开成傅里叶级数.

解 由于 $f(x)$ 为偶函数,所以,$b_n=0(n=1,2,3\cdots)$,

$$a_0=\frac{2}{\frac{1}{2}}\int_0^{\frac{1}{2}}f(x)\mathrm{d}x=4\int_0^{\frac{1}{2}}(1-x^2)\mathrm{d}x=\frac{11}{6},$$

$$a_n=\frac{2}{\frac{1}{2}}\int_0^{\frac{1}{2}}f(x)\cos 2n\pi x\mathrm{d}x=4\int_0^{\frac{1}{2}}(1-x^2)\cos 2n\pi x\mathrm{d}x$$

$$=4\int_0^{\frac{1}{2}}\cos 2n\pi x\mathrm{d}x-\frac{2}{n\pi}\int_0^{\frac{1}{2}}x^2\mathrm{d}\sin(2n\pi x)$$

$$=-\frac{2}{n^2\pi^2}\int_0^{\frac{1}{2}}x^2\mathrm{d}\cos(2n\pi x)=\frac{(-1)^n}{n^2\pi^2}.$$

由于 $f(x)=1-x^2$ 在每一点处都连续,所以函数 $f(x)$ 展开成傅里叶级数为

$$f(x)=\frac{a_0}{2}+\sum_{n=1}^{\infty}a_n\cos(2n\pi x)=\frac{11}{12}+\frac{1}{\pi^2}\sum_{n=1}^{\infty}\frac{(-1)^{n+1}}{n^2}\cos(2n\pi x).$$

习题 4—3

1. 把下列周期为 $2p$ 的周期函数展开成傅里叶级数:

(1)$f(x)=|x|$;

(2)$f(x)=\cos\dfrac{x}{2}(-\pi\leqslant x<\pi)$;

(3)$f(x)=\begin{cases}\pi,&-\pi\leqslant x<0,\\x,&0\leqslant x<\pi;\end{cases}$

(4)$f(x)=\begin{cases}x-1,&-\pi\leqslant x<0,\\x+1,&0\leqslant x<\pi.\end{cases}$

2. 把下列周期函数展开成傅里叶级数:

(1)$f(x)=\sin\dfrac{x}{l}(-l\leqslant x\leqslant l)$;

(2)$f(x)=\mathrm{e}^x(-l\leqslant x\leqslant l)$.

3. 如图 4-4 所示的三角波的波形函数是以 2 为周期的函数 $f(x)=|x|,-1\leqslant x\leqslant 1$,试把 $f(x)$ 的展开成傅里叶级数.

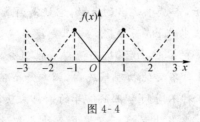

图 4-4

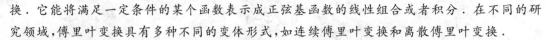
数学小资料

傅里叶与傅里叶级数

让·巴普蒂斯·约瑟夫·傅里叶,法国数学家、物理学家.

1794 到巴黎,成为高等师范学校的首批学员,次年到巴黎综合工科学校执教.1798 年随拿破仑远征埃及时任军中文书和埃及研究院秘书,1801 年回国后任伊泽尔省地方长官.1817 年当选为科学院院士,1822 年任该院终身秘书,后又任法兰西学院终身秘书和理工科大学校务委员会主席.

主要贡献是在研究热的传播时创立了一套数学理论.1807 年向巴黎科学院呈交《热的传播》论文,推导出著名的热传导方程,并在求解该方程时发现解函数可以由三角函数构成的级数形式表示,从而提出任一函数都可以展成三角函数的无穷级数.傅里叶级数(即三角级数)、傅里叶分析等理论均由此创始.

其他贡献有:最早使用定积分符号,改进了代数方程符号法则的证法和实根个数的判别法等.

傅里叶变换的基本思想首先由傅里叶提出,所以以其名字来命名以示纪念.

从现代数学的眼光来看,傅里叶变换是一种特殊的积分变换.它能将满足一定条件的某个函数表示成正弦基函数的线性组合或者积分.在不同的研究领域,傅里叶变换具有多种不同的变体形式,如连续傅里叶变换和离散傅里叶变换.

傅里叶变换属于调和分析的内容."分析",就是"条分缕析".通过对函数的"条分缕析"来达到对复杂函数的深入理解和研究.从哲学上看,"分析主义"和"还原主义",就是通过对事物内部作适当的分析达到增进对其本质理解的目的.比如近代原子论试图把世界上所有物质的本源分析为原子,而原子不过数百种而已,相对物质世界的无限丰富,这种分析和分类无疑为认识事物的各种性质提供了很好的手段.

在数学领域,也是这样,尽管最初傅里叶分析是作为热过程的解析分析的工具,但是其思想方法仍然具有典型的还原论和分析主义的特征."任意"的函数通过一定的分解,都能够表示为正弦函数的线性组合的形式,而正弦函数在物理上是被充分研究而相对简单的函数类,这一想法跟化学上的原子论想法何其相似!奇妙的是,现代数学发现傅里叶变换具有非常好的性质,使得它如此的好用和有用,让人不得不感叹造物的神奇:

1. 傅里叶变换是线性算子,若赋予适当的范数,它还是酉算子;

2. 傅里叶变换的逆变换容易求出,而且形式与正变换非常类似;

3. 正弦基函数是微分运算的本征函数,从而使得线性微分方程的求解可以转化为常系数的代数方程的求解.在线性时不变的物理系统内,频率是个不变的性质,从而系统对于复杂激励的响应可以通过组合其对不同频率正弦信号的响应来获取;

4. 著名的卷积定理指出:傅里叶变换可以化复杂的卷积运算为简单的乘积运算,从而提供了计算卷积的一种简单手段;

5. 离散形式的傅里叶变换可以利用数字计算机快速地算出(其算法称为快速傅里叶变换算法(FFT)).

正是由于上述良好性质,傅里叶变换在物理学、数论、组合数学、信号处理、概率、统计、密码学、声学、光学等领域都有着广泛的应用.

第五章　MATLAB 数学实验

第一节　空间几何图形的画图实验

一、实验目的

掌握 MATLAB 软件中作三维图像的命令,掌握如何应用 MATLAB 软件中的命令画出空间曲面的图像.

二、学习软件 MATLAB 的命令程序

1. 画出空间中的直线或平面的图像

(1)画直线程序为:

t=[a:s:b];

x=x(t);

y=y(t);

z=z(t);

plot3(x,y,z)

功能:空间直线一般写成参数式,t 为参数,a 为 x,y 的起点,b 是其终点,s 为步长. x,y,z 分别是参数式,plot3(x,y,z)是画直线命令.

(2)画平面程序为:

[x,y]=meshgrid(a:s:b);

z=f(x,y);

mesh(x,y,z)

功能:画空间平面的网格图,[x,y]=meshgrid(a:s:b)为 x,y 的定义区间,a 为 x,y 的起点,b 是其终点,s 为步长,z=f(x,y)是平面方程表示式,mesh(x,y,z)是画平面命令.

2. 画出二元函数 $z=f(x,y)$ 的图像

程序为:

[x,y]=meshgrid(a:s:b);

z=f(x,y);

mesh(x,y,z);

title('z=f(x,y)')

a 为 x,y 的起点,b 是其终点,即 $\{(x,y) \mid a \leqslant x \leqslant b, a \leqslant y \leqslant b\}$. s 为步长.

mesh(x,y,z)绘制 z=f(x,y)的曲面网格图.

title('z=f(x,y)')表示在图像中标出函数.

三、实验内容

用 Matlab 作下列图像:

1. 作直线$\dfrac{x-1}{4}=\dfrac{y}{-1}=\dfrac{z+2}{-3}$的图像;

2. 作平面 $3x+2y-z=0$ 的图像;

3. 作图像:$z=\sin(x-y)$;

4. 作图像:$z=x^2-y^2$;

5. 作图像:$f(x,y)=x^2y^2\mathrm{e}^{-(x^2+y^2)}$;

6. 作图像:$z=\sqrt{1-x^2-y^2}$.

四、实验过程

1. 作直线$\dfrac{x-1}{4}=\dfrac{y}{-1}=\dfrac{z+2}{-3}$的图像(如图 5-1).

>>t=[0:0.1:10];

>>x=1+4*t;

>>y=-t;

>>z=-2-3*t;

>>plot3(x,y,z);

>>title('z=(x-1)/4=y/(-1)=(z+2)/(-3)')

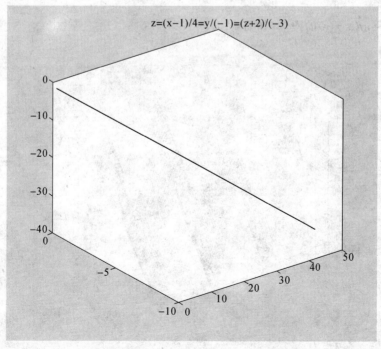

图 5-1

2. 作平面 $3x+2y-z=0$ 的图像(如图 5-2).

$>>[x,y]=$meshgrid$(-1:0.01:1)$;

$>>z=3*x+2*y$;

$>>$mesh(x,y,z);

$>>$title$('z=3*x+2*y')$

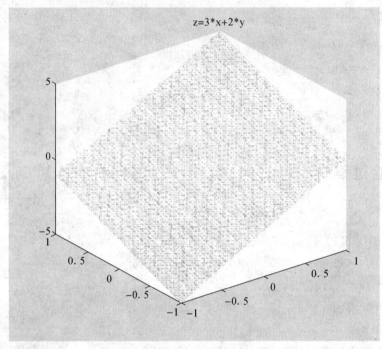

图 5-2

3. 作 $z=\sin(x-y)$ 的图像(如图 5-3).

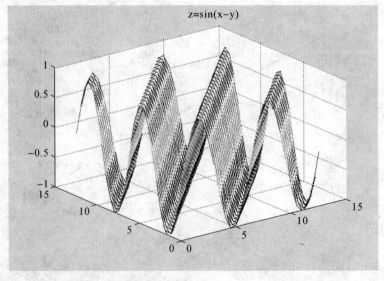

图 5-3

```
>>[x,y]=meshgrid(0:0.5:4*pi);
>>z=sin(x−y);
>>mesh(x,y,z);
>>title('z=sin(x−y)')
```

4. 作 $z=x^2-y^2$ 的图像(如图 5-4).

```
>>[x,y]=meshgrid(−8:0.5:8);
>>z=x.^2−y.^2;
>>mesh(x,y,z);
>>title('z=x.^2−y.^2')
```

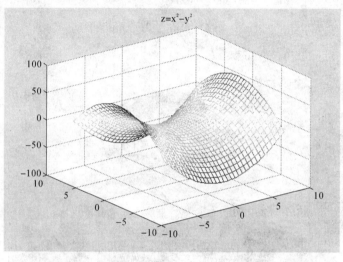

图 5-4

5. 作 $f(x,y)=x^2 y^2 e^{-(x^2+y^2)}$ 的图像(如图 5-5).

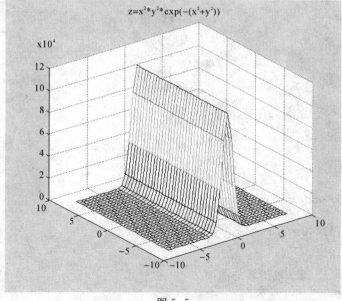

图 5-5

```
>>[x,y]=meshgrid(-8:0.5:8);
>>z=x.^2*y.^2*exp(-(x.^2+y.^2));
>>mesh(x,y,z);
>>title('z=x.^2*y.^2*exp(-(x.^2+y.^2))')
```

6. 作 $z=\sqrt{1-x^2-y^2}$ 的图像(如图5-6).

```
>>[x,y]=meshgrid(-1:0.01:1);
>>z=sqrt(1-x.^2-y.^2);
>>mesh(x,y,z);
>>title('z=sqrt(1-x.^2-y.^2)')
```

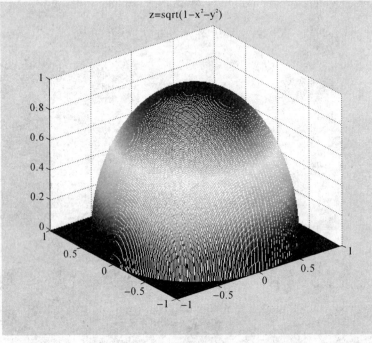

图5-6

习题 5—1

1. 作直线 $\dfrac{x-3}{3}=\dfrac{y-1}{1}=\dfrac{z-2}{4}$ 的图像;

2. 作平面 $2x+3y-6z+5=0$ 的图像;

3. 作 $f(x,y)=\sin(x+\sin y)-\dfrac{x}{10}$ 的图像;

4. 绘制曲面图形: $z=\sqrt{1-2x^2-y^2}$;

5. 绘制曲面图形: $z=(x^2+y^2)^3$;

6. 作曲线 $y=x^2$ 绕 y 轴旋转的曲面.

第二节 二元函数的偏导数、极值与二重积分实验

一、实验目的

1. 掌握 MATLAB 软件中求二元函数的偏导数的命令,掌握如何应用 MATLAB 软件中的命令求二元函数的偏导数.

2. 掌握 MATLAB 软件中求二元函数的极值的命令程序,掌握如何应用 MATLAB 软件中的命令编程求二元函数的极值.

3. 掌握 MATLAB 软件中求二重积分的命令,掌握如何应用 MATLAB 软件中的命令求二重积分的结果.

二、学习软件 MATLAB 的命令程序

1. 求 $z = f(x, y)$ 的偏导数.

命令为

```
syms x y;
z=f(x,y);
diff(z,x)
diff(z,y)
```

功能:syms x y 是自变量,diff(z,x)是求 z 对 x 的偏导数,diff(z,y)是求 z 对 y 的偏导数.

2. 求 $z = f(x, y)$ 的极值.

先求偏导数:

```
syms x y;
z=f(x,y);
diff(z,x)
diff(z,y)
```

出现结果,

```
ans=
fx(x,y)
fy(x,y)
[x,y]=solve('fx(x,y)=0','fy(x,y)=0','x','y')
```

结果为:

$x = x_0$

$y = y_0$

```
syms x y;
z=f(x,y)
A=diff(z,x,2)
B=diff(diff(z,x),y)
```

C＝diff(z,y,2)

结果为:A,B,C 的值,由判别法可知(x_0,y_0)是否为函数的极大值点,或极小值点.

功能:syms x y 是自变量,diff(z,x)是求 z 对 x 的偏导数,diff(z,y)是求 z 对 y 的偏导数.[x,y]＝solve()解方程,A＝diff(z,x,2)二阶偏导数.

3. 求二重积分 $\iint\limits_{D} f(x,y)\mathrm{d}\sigma = \int_a^b \mathrm{d}x \int_{\varphi_1(x)}^{\varphi_2(x)} f(x,y)\mathrm{d}y$.

命令为

syms x y

int(int(f(x,y),y,φ_1(x),φ_2(x)),a,b)

功能:求二重积分,x,y 为积分变量,int(int())二重积分命令.

三、实验内容

1. 求极值:$f(x,y)=4(x-y)-x^2-y^2$.

2. 求极值:$f(x,y)=xy(x^2+y^2-1)$.

3. $\int_0^1 \mathrm{d}x \int_0^2 (x-y)\mathrm{d}y$.

4. $\iint\limits_{D}(3x+2y)\mathrm{d}\sigma$,其中积分区域 D 是由 x 轴、y 轴及直线 $x+y=2$ 所围成的区域.

5. 计算 $I=\iint\limits_{D} x\sqrt{y^3+1}\mathrm{d}\sigma$,其中 D 是由直线 $x=0,y=2$ 及 $y=\dfrac{x}{3}$ 所围成的区域.

6. 计算 $\int_0^1 \mathrm{d}x \int_0^x x\sin\dfrac{y}{x}\mathrm{d}y$.

四、实验过程

1. 求极值:$f(x,y)=4(x-y)-x^2-y^2$.

首先用 diff 命令求 z 关于 x,y 的偏导数

syms x y;

z＝4＊x－4＊y－x.^2－y.^2;

diff(z,x)

diff(z,y)

结果为:

ans＝

4－2＊x

ans＝

－4－2＊y

即 $\dfrac{\partial z}{\partial x}=4-2x$,$\dfrac{\partial z}{\partial y}=-4-2y$,再求解方程,求得各驻点的坐标.一般方程组的符号解用 solve 命令,当方程组不存在符号解时,solve 将给出数值解.求解方程的 MATLAB 代码为:

[x,y]＝solve('4－2＊x＝0','－4－2＊y＝0','x','y')

结果为:

x=2

y=-2

结果有一个驻点是 P(2,-2).下面再求判别式中的二阶偏导数:

syms x y;

z=4*x-4*y-x.^2-y.^2;

A=diff(z,x,2)

B=diff(diff(z,x),y)

C=diff(z,y,2)

结果为:

A=-2

B=0

C=-2

由判别法可知 P(2,-2)是函数的极大值点,无极小值点.

2.求极值:$f(x,y)=xy(x^2+y^2-1)$.

首先用 diff 命令求 z 关于 x,y 的偏导数

syms x y;

z=x.^3*y+x*y.^3-x*y;

diff(z,x)

diff(z,y)

结果为:

ans=

3*x.^2*y+y.^3-y

ans=

x.^3+3*x*y.^2-x

即$\frac{\partial z}{\partial x}=3x^2y+y^3-y,\frac{\partial z}{\partial y}=x^3+3xy^2-x$,再求解方程,求得各驻点的坐标.一般方程组的符号解用 solve 命令,当方程组不存在符号解时,solve 将给出数值解.求解方程的 MAT-LAB 代码为:

[x,y]=solve('3*x.^2*y+y.^3-y=0','x.^3+3*x*y.^2-x=0','x','y')

结果为:

x=

　　0

　　1

　　-1

　　0

　　0

　　1/2

　　-1/2

　　1/2

$$-1/2$$
$$y=$$
$$0$$
$$0$$
$$0$$
$$1$$
$$-1$$
$$1/2$$
$$1/2$$
$$-1/2$$
$$-1/2$$

结果有 8 个驻点,分别是

$A(0,0),B(1,0),C(-1,0),D(0,1),E(0,-1)F(1/2,1/2),G(-1/2,1/2),H(1/2,-1/2),I(-1/2,-1/2)$.

下面再求判别式中的二阶偏导数:

syms x y;

z=x.^3 * y+x * y.^3－x * y;

A=diff(z,x,2)

B=diff(diff(z,x),y)

C=diff(z,y,2)

A=6 * x * y

B=3 * x.^2＋3 * y.^2－1

C=6 * x * y

由判别法可知 $A(0,0),B(1,0),C(-1,0),D(0,1),E(0,-1)$ 不是极值点,$G(-1/2,1/2),H(1/2,-1/2)$ 是极大值点,$F(1/2,1/2),I(-1/2,-1/2)$ 是极小值点.

3. $\int_0^1 \mathrm{d}x \int_0^2 (x-y)\mathrm{d}y$.

syms x y

int(int(x－y,y,0,2),0,1)

ans=

$$-1$$

4. $\iint\limits_{D}(3x+2y)\mathrm{d}\sigma$,其中积分区域 D 是由 x 轴、y 轴及直线 $x+y=2$ 所围成的区域.

它可以化简为:$\int_0^2 \mathrm{d}x \int_0^{2-x}(3x+2y)\mathrm{d}y$.

syms x y

int(int(3 * x＋2 * y,y,0,2－x),0,2)

ans=

20/3

5. $I = \iint\limits_{D} x\sqrt{y^3+1}\,\mathrm{d}\sigma$,其中 D 是由直线 $x=0$,$y=2$ 及 $y=\dfrac{x}{3}$ 所围成的区域.

它可以转化为:$\displaystyle\int_0^2 \mathrm{d}y \int_0^{3y} x\sqrt{y^3+1}\,\mathrm{d}x$.

syms x y

int(int(x * sqrt(y^3+1),x,0,3 * y),0,2)

ans=

26

6. 计算 $\displaystyle\int_0^1 \mathrm{d}x \int_0^x x\sin\dfrac{y}{x}\,\mathrm{d}y$.

syms x y

int(int(x * sin(y/x),y,0,x),0,1)

ans=

$-1/3 * \cos(1)+1/3$

习题 5—2

1. 求函数 $z=\ln(x^3+y^5)$ 的二阶偏导数:$\dfrac{\partial^2 z}{\partial x^2},\dfrac{\partial^2 z}{\partial y^2},\dfrac{\partial^2 z}{\partial x \partial y}$.

2. 求函数 $f(x,y)=x^2-2x-2xy+2y+4y^2-y^3+1$ 的极值.

3. 计算 $I = \iint\limits_{D}(2xy^3)\,\mathrm{d}\sigma$,其中 D 是由抛物线 $y=x^2$,$x=y^2$ 所围成的区域.

第三节 微分方程实验

一、实验目的

掌握 MATLAB 软件中微分方程求解的命令,掌握如何应用 MATLAB 软件中的命令求微分方程的解.

二、学习软件 MATLAB 的命令

1. dsolve('Dy=f(x,y)','x')

功能:求形如方程 $y'=f(x,y)$ 的通解.

2. dsolve('Dy=f(x,y)','y(x_0)=y_0','x')

功能:求一阶微分方程的初值问题 $\begin{cases} y'=f(x,y), \\ y\big|_{x=x_0}=y_0. \end{cases}$

3. dsolve('D2y=f(x,y)','x')

功能:求二阶微分方程 $\dfrac{\mathrm{d}^2 y}{\mathrm{d}x^2}=f(x,y)$ 的通解.

4. dsolve('D2y=f(x,y)','y(x₀)=y₀''y'(x₀)=y'₀','x')

功能：求二阶微分方程$\dfrac{d^2y}{dx^2}=f(x,y)$的满足初始条件$y|_{x=x_0}=y_0$，$y'|_{x=x_0}=y'_0$的特解．

说明：Dy 表示一阶导数$\dfrac{dy}{dx}$，D2y 表示二阶导数$\dfrac{d^2y}{dx^2}$，Dny 表示 n 阶导数$\dfrac{d^ny}{dx^n}$．

三、实验内容

1. 求$\dfrac{dy}{dx}=(1+x)y^2$ 的通解．

2. 求$y'+\dfrac{3}{x}y=\dfrac{2}{x^3}$，$y|_{x=1}=1$．

3. 求方程$y''+y'=\sin x$ 的通解．

4. 求方程$y''+4y'+29y=0$ 满足初始条件$y|_{x=0}=1$，$y'|_{x=0}=4$的特解．

四、实验过程

1. dsolve('Dy=(1+x)*y.^2','x')

ans=

−2/(2*x+x.^2−2*C1)

2. y=dsolve('Dy+3/x*y=2/x.^3','y(1)=1','x')

y=

(2*x−1)/x.^3

3. y=dsolve('D2y+Dy=sinx','x')

y=

sin(x)*C2+cos(x)*C1+sinx

4. y=dsolve('D2y+4*Dy+29*y=0','y(0)=0,Dy(0)=15','x')

y=

3*exp(−2*x)*sin(5*x)

习题 5—3

1. 求$\dfrac{dy}{dx}=1+y^2$ 的通解．

2. 求$(x-\sin y)dy+\tan y\,dx=0$，$y|_{x=1}=\dfrac{\pi}{6}$的特解．

3. 求方程$y''+y'=\sin^2 x$ 的通解．

4. 求方程$y''+2y'+y=0$ 满足初始条件$y|_{x=0}=1$，$y'|_{x=0}=2$ 的特解．

第四节　级数实验

一、实验目的

掌握 MATLAB 软件中级数求和的命令,掌握如何应用 MATLAB 软件中的命令求级数的和.

二、学习软件 MATLAB 的命令

1. syms u n(u_n,n,1,inf)

u_n 为级数的通项公式,n 为通项中的求和变量,1,inf 为求和变量的从起点 1 到 $+\infty$.

功能:求级数 $\sum\limits_{n=1}^{\infty} u_n$ 的和,若结果为 inf,则此级数发散.

注:此命令对函数项级数求和仍然成立.

2. taylor(f,n,x,a)

f 为待展开的函数表达式,n 为展开项数,缺省是默认 6 项,x 为函数的变量,a 为展开点,展开成 $x-a$ 的幂级数,缺省为 0,即展开成 x 的幂级数.

功能:将函数 $f(x)$ 展开成幂级数.

3. dsolve($D2y=f(x,y)$´,´x´)

功能:求二阶微分方程 $\dfrac{d^2 y}{dx^2}=f(x,y)$ 的通解.

4. dsolve($D2y=f(x,y)$´,$y(x_0)=y_0$´$y'(x_0)=y'_0$´,´x´)

功能:求二阶微分方程 $\dfrac{d^2 y}{dx^2}=f(x,y)$ 的满足初始条件 $y|_{x=x_0}=y_0$,$y'|_{x=x_0}=y'_0$的特解.

说明:Dy 表示一阶导数 $\dfrac{dy}{dx}$,D2y 表示二阶导数 $\dfrac{d^2 y}{dx^2}$,Dny 表示 n 阶导数 $\dfrac{d^n y}{dx^n}$.

三、实验内容

1. 求下列级数的和:

(1) $\sum\limits_{n=1}^{\infty} \dfrac{2n-1}{2^n}$;

(2) $\sum\limits_{n=1}^{\infty} \dfrac{1}{n(2n+1)}$;

(3) $\sum\limits_{n=2}^{\infty} \left(\dfrac{1}{\sqrt{n-1}} - \dfrac{1}{\sqrt{n+1}} \right)$.

2. 求下列函数项级数的和函数:

(1) $\sum\limits_{n=1}^{\infty} \dfrac{\sin x}{n^2}$;

(2) $\sum\limits_{n=1}^{\infty} \dfrac{(-1)^{n-1}}{n} x^n$.

3. 将函数 $f(x)=\sin x$ 展开成幂级数,分别展开成 5 次与 20 次.

4. 求函数 $f(x)=\ln x$ 在 $a=10$ 处的展开式,展开式含有 5 项.

5. 设 $f(x)=x^2$,$x \in [-\pi, \pi]$,试将其展开成傅里叶级数.

四、实验过程

1.(1)
syms n
f1＝(2＊n−1)/2^n
f1＝
(2＊n−1)/(2^n)
＞＞I1＝symsum(f1,n,1,inf)
I1＝
3
(2)
syms n
f2＝1/(n＊(2＊n＋1))
I2＝symsum(f2,n,1,inf)
f2＝
1/n/(2＊n＋1)
I2＝
2−2＊log(2)
(3)
clear
syms n
f3＝1/(sqrt(n)−1)−1/(sqrt(n)＋1)
I3＝symsum(f3,n,2,inf)
f3＝
1/(n^(1/2)−1)−1/(n^(1/2)＋1)
I3＝
sum(1/(n^(1/2)−1)−1/(n^(1/2)＋1),n＝2.inf)
级数发散.
2.(1)
＞＞syms n x
＞＞f＝sin(x)/n^2;
＞＞I＝symsum(f,n,1,inf)
I＝
1/6＊sin(x)＊pi^2
(2)
clear
＞＞syms n x
f＝(−1)^(n−1)＊(x^n)/n
I＝symsum(f,n,1,inf)

I=

log(1+x)

3.

\>\>clear

\>\>syms x

\>\>f=sin(x)

\>\>taylor(f)

ans=

x−1/6 * x.^3+1/120 * x.^5

\>\>taylor(f,20)

ans=

x−1/6 * x.^3+1/120 * x.^5−1/5040 * x.^7+1/362880 * x.^9−1/39916800 * x.^11+ 1/6227020800 * x.^13 − 1/1307674368000 * x.^15 + 1/355687428096000 * x.^17 − 1/121645100408832000 * x.^19

4.

\>\>clear

\>\>syms x

\>\>f=log(x);

\>\>taylor(f,4,x,10)

ans=

log(10)+1/10 * x−1−1/200 * (x−10)^2+1/3000 * (x−10)^3

5. 求傅里叶系数为 $a_0=\dfrac{2}{\pi}\int_0^\pi f(x)\mathrm{d}x, a_n=\dfrac{2}{\pi}\int_0^\pi f(x)\cos nx\mathrm{d}x, b_n=\dfrac{2}{\pi}\int_0^\pi f(x)\sin nx\mathrm{d}x.$

程序为

clear

syms x n

f=x.^2;

a0=int(f,x,−pi,pi)/pi

an=int(f * cos(n * x),x,−pi,pi)/pi

bn=int(f * sin(n * x),x,−pi,pi)/pi

运行结果

a0=

2/3 * pi^2

an=

2 * (n^2 * pi^2 * sin(pi * n)−2 * sin(pi * n)+2 * pi * n * cos(pi * n))/n^3/pi

bn=

0

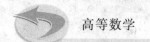

再写成傅里叶级数即可.

习题 5—4

1. 求下列级数的和：

(1) $\sum\limits_{n=1}^{\infty}\dfrac{2n+1}{3^n}$；

(2) $\sum\limits_{n=1}^{\infty}\dfrac{1}{n(n^2+1)}$；

(3) $\sum\limits_{n=1}^{\infty}\dfrac{(-1)^n n}{2n+1}$.

2. 求下列函数项级数的和函数.

(1) $\sum\limits_{n=1}^{\infty}\dfrac{\cos x}{2^n}$；

(2) $\sum\limits_{n=1}^{\infty}\dfrac{(-1)^n}{2n}x^n$.

3. 将函数 $f(x)=\sin 2x$ 展开成幂级数，展开成 10 次.

4. 求函数 $f(x)=\ln x$ 在 $a=3$ 处的展开式，展开式含有 5 项.

5. 设 $f(x)=1-x^2$，$x\in\left[-\dfrac{1}{2},\dfrac{1}{2}\right]$，试将其展开成傅里叶级数.

 数学小资料

在 word 环境下如何使用 MATLAB

我们在学习了 MATLAB 后，有时需要 MATLAB 与 word 同时相互切换，为提高工作效率，如何在 word 环境下使用 MATLAB，也是我们遇到的一个问题。下面介绍其方法与步骤.

在 word 环境下如何使用 MATLAB：

(1)在 MATLAB 运行界面中安装 notebook(即安装 word)，

运行程序如下：

＞＞notebook-setup

注意 notebook 与-setup 中间有空格.

结果如下：

Welcome to the utility for setting up the MATLAB Notebook

for interfacing MATLAB to Microsoft Word.

出现提示：

Notebook setup is complete.

表示 Notebook 安装结束.

(2)在 MATLAB 中运行 notbook(word)：

第一步：单击左下角“ Start ”；

第二步：在“Start”菜单中选择“MATLAB”选项，然后在“MATLAB”选项中单击“note-book”选项，此时即可启动“notebook(word)”.

起动后的“notebook(word)”界面如下：

此时，就可以在 notebook(word)界面中编程了.

之后，可以发现在 notebook 界面上端出现了一个菜单栏“notebook”，单击“notebook”，选中所编程序，单击"DefineInputCell"命令，之后程序字体变为绿色，再选中所编程序，然后在"notebook"菜单栏中选择"EvaluateCell"命令，此时即可出现 MATLAB 运行结果．

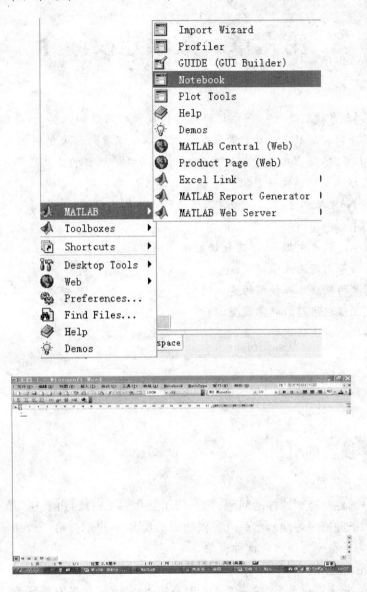

*第六章 数学建模简介

【内容提要】数学建模是把一个实际问题转化成数学问题加以解决,是联系数学与实际问题的桥梁,其中得到的数学结构就是数学模型.本章以案例形式介绍数学建模的概念、数学建模的方法与步骤,给出几个常见的生活实际中的数学模型的建立过程,包括初等模型、微分方程模型、线性规划模型及层次分析模型.

【预备知识】一元微积分、常微分方程、线性代数的基本知识.

【学习目标】

1. 理解数学建模的意义,掌握建模法的具体运用;

2. 会建立初等问题的数学模型;

3. 掌握简单的微分方程模型的建模过程;

4. 了解线性规划问题的数学模型;

5. 了解层次分析法的建模步骤.

第一节 数学模型与数学建模

一、数学模型的引出

案例1 椅子问题

日常生活中,经常碰到这样的问题:把一椅子往地面上一放,由于地面的不平椅子难于一次就放稳(四条腿同时着地),然而只要稍微挪动几次,就可以使椅子放稳了,这是为什么?如何用我们学习的数学知识解释这种现象.

案例2 死亡时间

某地发生一起入室谋杀案,被杀者死亡时身边无人,家属回来发现死者立即报案.警方迅速出警.经过现场对死者尸体温度进行检验,就能确定死亡的确切时间,这是为什么?

案例3 自主创业

小王大学毕业后打算自主创业.经过市场调研发现,生产甲、乙两种产品市场前景看好.而他只有 12 000 元起动资金.为了充分发挥这点资金的作用,他规划如下:

1. 生产每单位甲产品,需要用到三种原料 A_1, A_2, A_3,依次为 2,4,6 个单位;生产单位乙产品的用量依次为 1,3,4 个单位.

2. 根据市场原料价位,消耗三种原料费用估计:单位产品甲、乙的售价、运销等杂支总资金 12000 元,按原料需求比分配初步确定为:购买三种原料 A_1, A_2, A_3 依次为 300,600 和 810 个单位,所余资金留作周转资金,扣除成本后,单位新产品甲、乙的利润分别为 500 元与

350 元.

依据上述数据,请你给出一个生产方案,使小王总利润达到最大.

上述这些问题都可以通过建立数学模型加以解决.

在日常生活工作与科学技术上,有大量的问题都需要通过建立数学模型加以解决. 如河流的污染问题、人口的预测问题、传染病的控制问题、减肥问题、合理高效的生产安排问题等等. 因此人们发现数学已经被广泛应用且无孔不入. 数字化、量化的趋势不可阻挡,在这一过程中数学发挥着无可替代的作用. 正因为如此,数学建模已经成为数学工作者与广大科技工作者积极探讨的学科.

二、数学模型的概念

我们的目标是使用数学建模的方法,建立起能够有效代表现实对象的数学模型. 然后,通过对数学模型的求解和分析,返回来回答现实对象要解决的问题.

那么什么是数学模型? 数学建模又是怎么回事?

其实数学模型是大家早已知道的概念. 早在中学的时候,我们就已经用建立数学模型的方法来解决实际问题了,只不过这些问题是老师为教会学生相关知识而事先人为设置好的,我们没有注意到这些问题就是数学模型罢了. 现在我们回顾一下这个模型建立的过程,从中抽象出数学模型与数学建模的概念.

例 1 设某厂投产新型家用轿车,第一年生产了 4 万辆,第二年、第三年产量持续增长,计划到第三年末,市场共拥有 19 万辆这种品牌的轿车,那么后两年的增长率是多少?

这是一道中学的增长率问题. 习惯解法:

若增长率为 x,根据题意:由三年的总产量写成等量关系,则有

$$4+4(1+x)+4(1+x)^2=19,$$

$$4x^2+12x-7=0,$$

$$x_1=\frac{1}{2},\quad x_2=-\frac{7}{2}(不合题意,舍去).$$

即后两年汽车产量增长率为 50%.

我们来剖析一下这个过程:

第一步:问题分析

若增长率为 x,根据题意:由三年的总产量写成等量关系为

$$4+4(1+x)+4(1+x)^2=19.$$

第二步:模型假设

增长率 x 是常数,这是不合理的. 实际中通常不会是常数,但是在中学阶段这是合理的.

第三步:模型建立

根据问题分析与合理的简单假设,利用相关的规律,列出数学表达式(等量关系或图表等)建立数学模型:

$$4x^2+12x-7=0.$$

第四步:模型求解

使用相应的数学方法,求解数学模型,给出现实问题的数学解决. 本例中解一元二次方

程解得

$$x_1 = \frac{1}{2}, x_2 = -\frac{7}{2}.$$

第五步:模型检验

本例中 $x_2 = -\frac{7}{2}$ 不合实际而舍去. $x_1 = \frac{1}{2}$ 合乎实际而保留. 于是现实对象所提问题获得解决. 若所得两解均不符合实际,则说明所设的数学模型有错误,应该重新建立. 这是数学建模完全可能出现的. 产生的原因一般是问题分析出错或是假设不合理造成的.

数学模型就是对于现实世界的一个特定对象,为了一个特定的目的,根据对象特有的内在规律,在做出问题分析和一些必要的、合理的、简化的假设后,运用适当的数学工具得到的一个数学结构. 依据上述几个基本步骤建立的数学模型的全过程称为**数学建模**.

三、数学建模基本过程

数学建模一般有以下步骤:

对现实问题进行问题分析,提出模型假设,按照一定的内在规律建立模型,对模型进行求解,还要对结果进行分析、检验. 如果符合实际,就可能推广应用,如果不符合实际,就要重新进行模型假设,直到寻求最优模型. 建模基本过程示意图如图 6-1 所示:

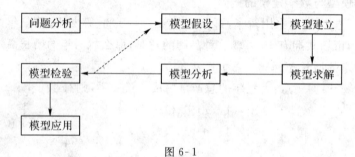

图 6-1

下面我们来解决案例 1"椅子问题"的数学建模问题.

例 2 日常生活中经常碰到这样的问题:把一椅子往地面上一放,由于地面的不平,椅子难于一次就放稳(四条腿同时着地),然而只要稍微挪动几次,就可以使椅子放稳了. 试建立其数学模型加以说明.

首先我们对这个问题进行"问题分析". 看看这个似乎与数学毫无关系的实际问题,是怎样一步步转化为数学问题予以解决的.

椅子放稳就是四条腿同时着地,而四条腿是否同时着地,是指四条腿底与地面的距离是否同时为 0. 于是我们就要研究四条腿底与地面的距离(函数)是否同时为 0. 这个距离是变化的,就可以作为函数,它随哪个变量的改变而改变,因而要寻求自变量. 我们知道,只要地面相对平坦,我们可以在原地做旋转,随着旋转的角度不同,三条腿同时着地,第四条腿与地面的距离也在不断的变化,也即是在旋转中,总有两条腿同时着地,另两条腿不能同时着地,而最终要找到一个角度,使这个距离为 0. 也就是说这个距离函数与旋转角度有关,是旋转角度的函数. 于是一个确定的函数关系找到了,我们的问题便转化为:是否存在一个角度,使四个距离函数之和为 0.

接下来我们要做合理的"模型假设". 在问题分析的基础上对问题进行合理的、必要的简化,并使用精确的语言作出假设.这是建模的至关重要的一步.

对椅子问题由前面的分析我们作如下假设

(1)椅子的四条腿同长;

(2)将椅子的四条腿与地面的接触处看成是一个点,四腿底连线为正方形.

(3)地面相对平坦,在旋转的地面范围内,椅子在任何位置至少有三只腿同时着地.

(4)地面的高度连续变化可视为地面是连续曲面.

以上的四点假设在实际中是合理的.

下面我们要进行关键的"模型建立"阶段.建立模型时注意一个原则:能用初等数学就不用高等数学,能用简单方法就不用复杂方法.

由假设条件,四个腿底是四个点,分别记为 A,B,C,D,则四边形 $ABCD$ 是正方形.以正方形 $ABCD$ 的中心为坐标原点,以 AC,BD 所在直线为 x 轴与 y 轴,建立平面直角坐标系(如图 6-2),并假设开始旋转时角度 θ 为 0.旋转角度 θ 后,点 A,B,C,D 变到点 A',B',C',D'.显然随着 θ 的改变,椅子的位置在改变.从而椅子与地面的距离也在变化.不论怎样改变总有点 A,C 同时着地,而点 B,D 不同时着地;或者点 B,D 同时着地,而点 A,C 不同时着地.所以只需要设两个距离函数即可.设 A,C 两点与地面的距离之和为 $f(\theta)$,B,D 两点与地面的距离之和为 $g(\theta)$,且 $f(\theta) \geqslant 0$,$g(\theta) \geqslant 0$.

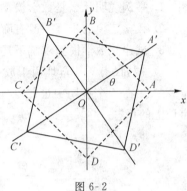

图 6-2

由假设(4),函数 $f(\theta),g(\theta)$ 均为连续函数.而由假设(3),对任一角度 θ,恒有 $f(\theta)=0$,而 $g(\theta) \geqslant 0$ 或 $f(\theta) \geqslant 0$ 而 $g(\theta)=0$.从而对 θ,恒有 $f(\theta)g(\theta)=0$.

我们现在要说明的是存在角度 θ_0,使 $f(\theta_0)=0$,$g(\theta_0)=0$ 同时成立.注意到旋转开始时 $\theta=0$,$f(0)=0$ 而 $g(0) \geqslant 0$ 或 $f(0) \geqslant 0$ 而 $g(0)=0$;而旋转 $\dfrac{\pi}{2}$ 后,两组条件正好交换.这样椅子通过旋转改变位置能放稳的证明,就归结为证明如下的数学命题:

已知函数 $f(\theta),g(\theta)$ 是 θ 的连续函数,对任意 θ,有 $f(\theta)g(\theta)=0$,且 $f(0)=0$ 时,$g(0) \geqslant 0$;$f\left(\dfrac{\pi}{2}\right) \geqslant 0$ 时,$g\left(\dfrac{\pi}{2}\right)=0$.

求证:存在 θ_0,使 $f(\theta_0)=g(\theta_0)=0$.

这就是椅子问题的数学模型.

求解这个数学模型,可以看出这是一元连续函数的零点存在性问题,使用介值定理便可证明之.

证明:令 $h(\theta)=f(\theta)-g(\theta)$,由假设 $h(\theta)$ 在 $\left[0,\dfrac{\pi}{2}\right]$ 上连续,且 $h(0)>0$,$h\left(\dfrac{\pi}{2}\right)<0$.

于是由连续函数的介值定理知,至少存在一点 $\theta_0 \in \left(0,\dfrac{\pi}{2}\right)$,使

$$h(\theta_0)=0,$$

即

$$f(\theta_0)=g(\theta_0).$$

由 $f(\theta_0) \cdot g(\theta_0) = 0$，从而 $f(\theta_0) = 0$ 或 $g(\theta_0) = 0$，于是 $f(\theta_0) = g(\theta_0) = 0$.

讨论：此问题中用一元变量 θ 表示椅子的位置是巧妙的，也是解决问题的关键. 虽然 θ 并未求出但是我们的问题已经解决了.

以上我们详细说明了数学建模的全过程. 以后我们在具体的建模中要把握这个全过程. 当然不是每个具体问题的建模都要经过这些具体的步骤，但有了这个全过程对初学者来说是必要的. 一位大师说过"学习建模的唯一方法就是实际去做数学建模".

习题 6-1

1. 举例说明什么是数学模型与数学建模.

2. 数学建模的步骤一般有哪些？

3. 试建立数学模型求解下述问题：

设一村民有一片草地用于放牛，经观察发现，3 头牛在 2 个星期中就能吃完 2 亩地上的草；2 头牛在 4 个星期中也能吃完 2 亩地上的草，那么要多少头牛才能在 6 个星期中吃完 6 亩地上的草？

第二节　初等数学模型

一、人员疏散数学模型

问题提出

在发生意外事件时，考虑一座教学楼内 n 个教室内学生的疏散问题.

问题分析

对于这个实际问题，分析问题包括：楼梯间内及疏散走道中人员的疏散速度；火灾发生的地点、原因、大小失火后人的第一反应等等. 疏散是结合人员行为、人员流动量、人员能力、具体教学楼的环境、火灾情况的变化等因素.

模型假设

(1)均匀疏散，即人与人的间距为常数 d(m)；

(2)匀速疏散，即速度为常数 v(m/s)；

(3)第 i 个教室有 $n_i + 1$ 人；

(4)第 i 个教室门口到第 $i-1$ 个教室门口的距离为 L_i(m)；

(5)疏散时第一个人到门口的时间需要 t_0(s).

建立模型

教室示意图如下页图 6-3 所示：

第一个教室全部疏散完所有的人员所需时间为

$$t_0 + (n_1 d + L_1)/v,$$

则第二个教室全部疏散完所有的人员所需时间为

$$t_0 + (n_2 d + L_1 + L_2)/v.$$

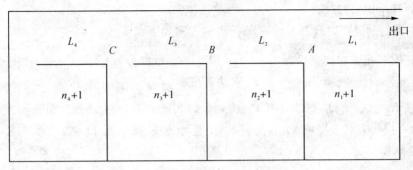

图 6-3

如果第一个教室人员未疏散完,第二个教室已到第一个教室门口 A,那么为避免拥挤需等待. 此时相当于在 A 处集结 (n_1+n_2+1) 个人,两个教室完全疏散完所花的时间为

$$T = t_0 + L_1/v + (n_1+n_2+2)d/v.$$

如果第一个教室人员已疏散完,第二个教室人员还未到 A,那么所花的时间恰为第二个教室全部疏散完所有的人员所需时间,即

$$T = t_0 + (L_1 + L_2 + n_2 d)/v.$$

模型检验

取 $L_1=10, L_2=12, v=2, t_0=3, d=1, n_1=L_2/d=14$(即第一个教室有 15 人),$n_2=30$,则

$$T = 3 + (10 + 14 + 30)/2 = 30(\text{s}).$$

当 i 取其他值时请读者自行计算.

二、名额分配数学模型

问题提出

代表席位分配问题一直是美国争论不休的话题. 美国宪法规定:众议院议员名额将根据各州人口比例分配,但是落实这一条款内容时,其公正合理性一直在争吵中.

问题描述

设众议院名额为 N,共有 s 个州,各州人口为 $P_i(i=1,2,\cdots,s)$,问题是如何找到一组 $n_1, n_2, \cdots, n_s$,使 $n_1 + n_2 + \cdots + n_s = N, n_i$ 为各州分配名额,并且 n_i 尽可能等于或接近人口份额 $Q_i = \dfrac{P_i}{\sum\limits_{i=1}^{s} P_i} N$.

例 1 设某校有 3 个系,共有 200 名学生,其中甲系 100 名,乙系 60 名,丙系 40 名. 该校召开学生代表大会,共有 20 个代表名额. 公平而又简单的方法是甲系 10 名,乙系 6 名,丙系 4 名,这时分配是绝对公平的,此时无异议.

若丙系有 6 名同学转入其他两系学习,则名额分配如下:

按照惯例 20 个名额应该按如下表中分法:甲系 10 名,乙系 6 名,丙系 4 名. 按整数分配进行"四舍五入取整",再按余数较大者分配. 这样将导致名额多余或者名额不够分配. 因此我们必须寻求新的分配方案.

哈密顿(Hamilton)方法

1791 年当时的美国财政部长哈密顿提出的方案如下：

第一：先取各州人口比例份额 $Q_i = \dfrac{P_i}{\sum\limits_{i=1}^{s} P_i} N$ 的整数部分 $[Q_i]$；

第二：按 $R_i = Q_i - [Q_i]$ 的大小排列，将剩余的名额由 R_i 的大小顺序分配分完为止．

若增加一位代表名额变成 21 名代表，仍按这种分法，则甲系 11 名，乙系 7 名，丙系 3 名见表 6-1：

表 6-1

系 别	学生人数	比例(%)	20 席的分配		21 席的分配	
			比 例	结 果	比 例	结 果
甲	103	51.5	10.3	10	10.815	11
乙	63	31.5	6.3	6	6.615	7
丙	34	17.0	3.4	4	3.570	3
总 和	200	100.0	20.0	20	21.000	21

这显然是不合理的，对丙系学生是极不公平的．为什么代表席位总数增加一个而分配给丙系的名额反而减少一个？

此类状况在美国众议员的席位数分配上也曾经出现过．1880 年美国阿拉巴马州对哈密顿方法提出异议，因为当议员总数增加时该州议员席位反而减少．另外当某州的人口增加率比其他州高时，议员数也可能反而减少．人们感到哈密顿方法一定存在缺陷．

为了说明问题请看下列关于 3 个席位的分配情况(如表 6-2 所示)：

表 6-2

州 别	人口数	按比例分配数	实际名额	人口增长率(%)	新人口数	新比例分配数	新实际分配数
甲	420	1.26	1	2.38	430	1.17	1
乙	455	1.365	1	14.39	520	1.42	2
丙	125	0.375	1	20	150	0.41	0
总 和	1000	3	3	10	1100	3	3

按哈密顿方法，丙州的尾数 0.375 较乙州的尾数 0.365 和甲州的尾数 0.26 大，因此多获得一个名额．但当人口增加时，丙州的人口增加率最高达到 20%，却因尾数 0.41 小于乙州的尾数 0.42，使乙州获得一个剩余名额，丙州却连一个代表也没有了．

这两个例子说明了哈密顿方法存在着"悖论"，于 1910 年被废止在大选中应用．

从 1941 年起至今，美国国会分配名额采用的是**亨丁顿方法**．

亨丁顿(Huntington)是哈佛大学教授，20 世纪 20 年代提出用不公平程度概念来处理席位分配问题．我们暂且讨论只有两方情形．

已知 A 方与 B 方的人数分别为 P_1 与 P_2，得到的席位数分别为 n_1 与 n_2．

若 $\dfrac{P_1}{n_1} = \dfrac{P_2}{n_2}$，则该分配是公平的；若 $\dfrac{P_1}{n_1} \neq \dfrac{P_2}{n_2}$，则该分配是不公平的；其中 $\dfrac{P_i}{n_i}(i=1,2)$ 较大的一方吃亏，即对这一方不公平．

在这种情况下,我们往往无法做到公平,因为如果得便宜的一方让出一席给吃亏的一方,又会使原先得便宜的一方变成吃亏的一方,仍然是不公平的分配.为此我们要建立一项指标来衡量不公平的程度,使得在不能公平分配的情况下,让我们做到不公平程度尽量小.

我们先想到一种简单的衡量方法:

设当 $\dfrac{P_1}{n_1} > \dfrac{P_2}{n_2}$ 时,用 $\dfrac{P_1}{n_1} - \dfrac{P_2}{n_2}$ 作为指标,衡量对 A 方的不公平程度.

设 A 方和 B 方分别有 100 人和 150 人,现有 6 个席位,他们的席位分配情况如表 6-3:

表 6-3

	A 方	B 方	总人数	不公平程度
人 数	100	150	250	
理论席位	2.4	3.6	6	
方案 1(对 A 不公平)	2	4	6	12.5
方案 2(对 B 不公平)	3	3	6	16.7

但是用指标 $\dfrac{P_1}{n_1} - \dfrac{P_2}{n_2}$ 来衡量不公平度也有缺陷,例如:

当 $P_1 = 120, P_2 = 100, n_1 = n_2 = 10$ 时,$\dfrac{P_1}{n_1} - \dfrac{P_2}{n_2} = 12 - 10 = 2$;

当 $P_1 = 1\,020, P_2 = 1\,000, n_1 = n_2 = 10$ 时,$\dfrac{P_1}{n_1} - \dfrac{P_2}{n_2} = 102 - 100 = 2$;

称 $\dfrac{P_1}{n_1} - \dfrac{P_2}{n_2}$ 为**绝对不公平程度**.显然后一种情况的不公平程度比前一种情况要好得多.但指标 $\dfrac{P_1}{n_1} - \dfrac{P_2}{n_2}$ 却反映不出来,因此有必要对此指标进行修改.

在 $\dfrac{P_1}{n_1} > \dfrac{P_2}{n_2}$ 时,规定用

$$r_1(n_1, n_2) = \frac{\dfrac{P_1}{n_1} - \dfrac{P_2}{n_2}}{\dfrac{P_2}{n_2}}$$

来衡量对 A 的不公平程度,称为**相对不公平程度**.这样前面讨论的问题中的不公平程度就可以有一个比较精确的算法:在前一种情况中对 A 方的不公平程度为

$$r_1(10, 10) = \frac{\dfrac{120}{10} - \dfrac{100}{10}}{\dfrac{100}{10}} = 0.2.$$

在后一种情况中对 A 方的不公平程度为

$$r_1(10, 10) = \frac{\dfrac{1020}{10} - \dfrac{1000}{10}}{\dfrac{1000}{10}} = 0.02.$$

显然 $r_1(n_1, n_2)$ 越大,则对 A 越不公平.

由于

$$r_1(n_1,n_2)=\frac{\dfrac{P_1}{n_1}-\dfrac{P_2}{n_2}}{\dfrac{P_2}{n_2}}=\frac{n_2P_1}{n_1P_2}-1$$

较准确地刻画了席位分配中的不公平程度,所以就能把握亨丁顿方法的基本原则——使分配中的不公平程度尽量小.

下面按相对不公平程度确定新的分配方案:

设 A 与 B 分别有 n_1,n_2 个席位,问:新增加一个席位该给谁?

不妨设 $\dfrac{P_1}{n_1}>\dfrac{P_2}{n_2}$,再分配一席有 3 种情况:

(1)当 $\dfrac{P_1}{n_1+1}>\dfrac{P_2}{n_2}$,则说明增加一席给 A,对 A 仍不公平,故此时名额给 A.

(2)当 $\dfrac{P_1}{n_1+1}<\dfrac{P_2}{n_2}$,则说明增加一席给 A,对 B 不公平.计算下式

$$r_2(n_1+1,n_2)=\frac{(n_1+1)P_2}{n_2P_1}-1.$$

(3)当 $\dfrac{P_1}{n_1}>\dfrac{P_2}{n_2+1}$,则说明增加一席给 B,对 A 不公平.计算下式

$$r_1(n_1,n_2+1)=\frac{(n_2+1)P_1}{n_1P_2}-1.$$

比较 $r_2(n_1+1,n_2)$ 与 $r_1(n_1,n_2+1)$,哪一方大则将指标给谁.

如果 $r_1(n_1,n_2+1)<r_2(n_1+1,n_2)$,代入计算

$$\frac{(n_2+1)P_1}{n_1P_2}-1<\frac{(n_1+1)P_2}{n_2P_1}-1,$$

即

$$\frac{P_1^2}{n_1(n_2+1)_2}<\frac{P_2^2}{n_2(n_2+1)},$$

令

$$Q_i=\frac{P_i^2}{n_i(n_i+1)}.$$

上述方案是将多增的指标分配给了 Q 值较大的一方.Q 值反映了分配中的相对不公平程度.

上述讨论可以推广到 3 个系的情况.例如,先给各系一个名额,然后计算各方 Q 值,依次将名额给 Q 值大的一方.

利用亨丁顿方法,重新分配三个系 21 个名额的计算结果,如表 6-4 所示.

表 6-4

n	甲 系	乙 系	丙 系
1	5304.5(4)	1984.5(5)	578(9)
2	1768.2(6)	661.5(8)	192.7(15)
3	884.1(7)	330.8(12)	96.3(21)
4	530.5(10)	198.5(14)	

续表

n	甲 系	乙 系	丙 系
5	353.6(11)	132.3(18)	
6	252.6(13)	94.5	
7	189.4(16)		
8	147.3(17)		
9	117.9(19)		
10	96.4(20)		
11	80.4		
	11	6	3

其中括号外数字为 Q 值,括号内数字为席位序数,此前已将 3 个席位平均分配完毕. 三个系 21 个名额分配结果为:甲系 11 个,乙系 6 个,丙系 3 个名额.

习题 6—2

1. 为节省原材料,套裁是实际中常见的一类问题,如衣料的套裁,钢材套裁等. 类似这样的问题常见的做法是,先筹划一些可行的方案,然后比较其优劣,选择其中一种或几种方案加以组合,从而获得最佳的解决方案. 现在塑钢窗厂要做 20 个矩形塑钢框,每个框由 2.2 米和 1.5 米的材料各两根组成. 已知原料长 4.6 米,请你设计一下,该如何下料,才能使用料最省.

2. 某校新生共有 1000 人住宿. 其中 235 人住学生宿舍 A 区,333 人住学生宿舍 B 区,432 人住学生宿舍 C 区. 为了加强对学生宿舍的管理工作,决定成立由 10 名同学组成的学生宿舍管理委员会. 请你给出各宿舍区的委员数的最公平的分配方案.

第三节 微分方程数学模型

微分方程模型通常运用的是平衡原理,即在一段时间内(或一定范围内),物质的改变量与它的增加量和减少量之差处于平衡的状态. 如物理学中的能量守恒定律和动量守恒定律等. 自然界的任何物质在其变化过程中一定受到某种平衡关系的支配. 在代数上我们列方程也常用平衡关系. 在实际问题中发掘平衡原理,列微分方程,建立数学模型. 这种微分方程模型有着广泛的应用.

一、冷却模型

问题提出

某地发生一起入室谋杀案,被杀者死亡时身边无人,家属回来发现死者,立即报案. 警方迅速出警,经过现场对死者尸体进行检验,就能确定死亡的时间,这是为什么?

问题分析

物理学家牛顿曾提出:一块热的物体其温度下降的速度,与它自身温度同它所处外界温度的差值成正比. 同样一块冷的物体其温度上升的速度,与它自身温度同它所处外界温度的差值成正比. 称为**加热与冷却定律**.

建立模型:设当时间为 t 时,物体的温度为 θ,外界温度为 θ_0(假设不变). 则由冷却定律知

$$\frac{\mathrm{d}\theta}{\mathrm{d}t} = -k(\theta - \theta_0),$$

其中,k 为比例系数,设 $k>0$. 由于 θ 是 t 的单调递减函数,即 $\frac{\mathrm{d}\theta}{\mathrm{d}t}<0$,等号右端前面应加"负号".

分离变量: $$\frac{\mathrm{d}\theta}{\theta - \theta_0} = -k\mathrm{d}t.$$

两边积分: $$\int \frac{\mathrm{d}\theta}{\theta - \theta_0} = -\int k\mathrm{d}t,$$

得 $$\ln|\theta - \theta_0| = -kt + \ln C.$$

通解 $$\theta = Ce^{-kt} + \theta_0.$$

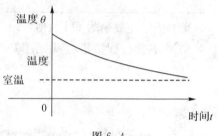

图 6-4

这一过程如图 6-4 所示.

例 1 有一次谋杀案,在某天下午 4 点发现尸体. 尸体的体温为 30℃. 假设当时屋内空间的温度保持 20℃不变,尸体的温度从原来的 37℃开始冷却,由实验得知,尸体经过 2 小时的温度为 35℃. 现判断谋杀案是何时发生的.

解 由冷却模型便可求得.

设在时间 t 时尸体的温度为 y. 列出微分方程为

$$\frac{\mathrm{d}y}{\mathrm{d}t} = -k(y - 20),$$

分离变量 $$\frac{\mathrm{d}y}{y - 20} = -k\mathrm{d}t,$$

两边积分: $$\int \frac{\mathrm{d}y}{y - 20} = -\int k\mathrm{d}t,$$

得 $$\ln|y - 20| = -kt + \ln C,$$

即 $$y = 20 + Ce^{-kt},$$

由初始条件 $y|_{t=0} = 37$,得 $C=17$.

$$y = 20 + 17e^{-kt}.$$

由实验得知,尸体经过 2 小时的温度为 35℃,$y|_{t=2} = 35$,即

$$35 = 17e^{-2k} + 20,$$

解得 $$k \approx 0.063.$$

因此尸体的温度 y 与时间 t 之间的函数关系式为

$$y = 17e^{-0.063t} + 20.$$

当 $y=30$℃,解得 $t=8.4$.

因此,谋杀案一定发生在下午 4 点发现尸体时的前 8.4 小时,即在上午 7 点 36 分发生的.

二、人口增长模型

1. 马尔萨斯模型

人口问题成了世界各界人士共同关注的一个热点问题. 早在 18 世纪末英国人口学家马尔萨斯(Malthus)在分析了一百多年人口统计资料之后,提出了著名的马尔萨斯人口增长模型,通常称之为**指数增长模型**. 下面我们用数学建模方法对它加以阐述.

模型假设

(1)假设时间为 t 时的人口函数是连续可微的;

(2)人口增长率(出生率减去死亡率)是常数;

(3)人口数量的变化是一个封闭区域,不考虑迁入与迁出;

(4)人口数量的变化只取决于人口中个体的生育与死亡.

模型建立

设 t 时刻的人口数为 $x(t)$,增长率为 r(常数),依平衡原理,在时间 Δt 内有

$$人口增长数＝出生人数－死亡人数＋迁入人数－迁出人数,$$

由假设 3,上式后两项被忽略不计. 于是

$$人口增长数＝出生人数－死亡人数.$$

设出生率与死亡率分别为 k_1 与 k_2. 则出生与死亡人口依赖于两个因素:

(1)时间间隔 Δt 的长短;

(2)时间 t 开始时的人口总数 $x(t)$,且为正比例关系.

依据这两条我们可得,时间 Δt 内人口增长量

$$x(t+\Delta t)-x(t)=k_1 x(t)\Delta t-k_2 x(t)\Delta t=(k_1-k_2)x(t)\Delta t,$$

整理得

$$\frac{1}{x(t)}\frac{x(t+\Delta t)-x(t)}{\Delta t}=k_1-k_2,$$

令 $\Delta t\to 0$,则

$$\lim_{\Delta t\to 0}\frac{1}{x(t)}\frac{x(t+\Delta t)-x(t)}{\Delta t}=k_1-k_2,$$

即

$$\frac{\mathrm{d}x}{\mathrm{d}t}=(k_1-k_2)x.$$

设 $k_1-k_2=r$,当时间 t 开始时人口为 x_0,则

$$\begin{cases} \dfrac{\mathrm{d}x}{\mathrm{d}t}=rx, \\ x\big|_{t=0}=x_0, \end{cases}$$

这就是马尔萨斯人口模型.

模型求解

这是可分离变量的微分方程.

分离变量:

$$\frac{\mathrm{d}x}{x}=r\mathrm{d}t,$$

积分得

$$\ln x=rt+\ln C,$$

$$x = Ce^{rt},$$

把 $x|_{t=0} = x_0$ 代入，得 $C = x_0$.

初值问题 $\begin{cases} \dfrac{dx}{dt} = rx, \\ x|_{t=0} = x_0 \end{cases}$ 的解为 $x = x_0 e^{rt}$.

模型检验

用这个模型计算 1700 年至 1900 年间世界人口数，所得数据与实际人口统计数据基本相符. 但 20 世纪以后，这个模型与世界人口实际总数差异很大，不再适用.

例如，当 $t = 2670$ 年时，$x = 4.4 \times 10^{15}$，即达到 4400 万亿人口，这相当于地球上每平方米要容纳至少 20 人. 显然这个结果是不可能的. 说明这个结果是有问题的. 随着时间的推移，它将会越来越不符合实际，因为该模型当时间 $t \to \infty$ 时，人口的极限为 ∞，即人口数量无限增大. 而地球资源、生存空间有限，人口无限增长是不可能的，因此该模型存在着缺陷，需要重新修改.

马尔萨斯人口模型的不足之处是未考虑人口增长后的社会问题，包括生存空间、生活资料、自然资源等对人口继续增长所形成的抑制作用，随着人类文明程度的不断提高，人们会自觉地采取有效措施来控制人口的增长，使增长率成为一个变数. 而受自然资源、环境条件、教育、就业等因素的限制，人口有最大的容纳量，达到峰值之后人口会有所降低. 基于这些分析我们来重新修改模型.

2. 逻辑斯蒂克模型

模型重建

(1) 设增长率为人口的函数 $r(x)$，按前面的分析，它是 x 的减函数，设它为线性函数

$$r(x) = r - kx,$$

其中 $r, k > 0$，r 相当于 $x = 0$ 时的增长率，称为固有增长率.

(2) 人口的最大容纳量为 x_m，因为 $x = x_m$ 时人口增长率为 0，所以 $k = \dfrac{r}{x_m}$，可得增长率函数为

$$r(x) = r \left(1 - \frac{x}{x_m} \right).$$

其中，常数 r, x_m 根据人口统计数据确定.

(3) 将马尔萨斯人口模型中的 r 换为上式，得到新模型

$$\frac{dx}{dt} = r \left(1 - \frac{x}{x_m} \right) x, \quad x|_{t=0} = x_0.$$

称为**逻辑斯蒂克**(Logistion)**模型**或**阻滞增长模型**. 它是由荷兰生物学家、数学家威赫尔斯特(Verhulst)提出的，因为比较符合逻辑，被称为逻辑斯蒂克(Logistion)模型.

此模型用可分离变量法求出其解为

$$x = \frac{x_m}{1 + \left(\dfrac{x_m}{x_0} - 1 \right) e^{-rt}}.$$

模型再检验

因为 $\lim\limits_{t \to 0} x = \lim\limits_{t \to 0} \dfrac{x_m}{1 + \left(\dfrac{x_m}{x_0} - 1 \right) e^{-rt}} = x_m$，说明无论人口初值如何，人口总数均以 x_m

为极限.

此模型经检验与美国、法国人口增长情况是吻合的.

用逻辑斯蒂克模型预测一下我国人口数量的变化趋势.

根据过去积累的人口数据知道人口增长率 $r=0.029$,1990 年我国第四次全国人口普查登记的全国总人口约为 11.6 亿人,目前人口增长率约为 0.01,即

$$\frac{1}{x}\frac{\mathrm{d}x}{\mathrm{d}t}=0.01,$$

把 $r=0.029$,$x=11.6$,$\frac{1}{x}\frac{\mathrm{d}x}{\mathrm{d}t}=0.01$ 代入 $\frac{\mathrm{d}x}{\mathrm{d}t}=r\left(1-\frac{x}{x_m}\right)x$ 中,得

$$x_m\approx17.70.$$

即我国人口数量的最大值将接近 18 亿.

若将人口增长率控制在千分之五,经计算人口数量将接近 15 亿.

2010 年我国第六次全国人口普查主要数据发布,此次人口普查登记的全国总人口约为 13.40 亿.

模型分析

(1)马尔萨斯(Malthus)模型比较适合人口数量较少,资源较丰富的国家人口数量的预报,主要是因为这些国家的人口是自由增长的.

(2)逻辑斯蒂克(Logistion)模型主要考虑了人口增长后的社会问题(生存空间、生活资料、升学、就业等)对人口的继续增长所形成的抑制作用. 它比较适合于人口数量较多,资源较匮乏的国家人口数量的预报.

(3)当然这两个模型仍有很大的改进余地. 人口数量的增长与性别、年龄、受教育程度等因素有很大关系. 人口数量的增长率在很大程度上取决于女性的人数而不是取决于男性的人数. 另外还有很多随机因素影响着人口数量,如地震、洪水等自然灾害等. 人们已经建立了一些比较细致的人口模型(如女性繁殖模型、离散模型、随机模型等),有兴趣的读者可查阅有关资料.

习题 6—3

1. 随着社会的不断发展,人们的生活水平有了很大的改善. 但也容易导致人体肥胖. 肥胖既不利于身体健康,也不美观. 因此研究减肥问题具有现实意义. 试建立一个减肥的数学模型,探讨以下几个问题:

(1)建立体重随时间的变化规律,进而提出减肥的一些措施;

(2)计算出减肥的临界状态(即体重不能再减少的状态,若低于该指标,就影响身体健康,甚至危及生命).

2. 某天晚上 23:00 时,在一住宅内发现一受害者尸体. 法医于 23:35 分赶到现场,测量死者体温是 30.08℃,一小时后再测量体温是 29.1℃,试估计受害者的死亡时间.

第四节　线性规划数学模型

线性规划模型是运筹学模型的一个最基础的分支,它的用途十分广泛.它所研究的问题是使一个实际问题达到最佳状态,而掌握这种优化思想对所遇到的问题进行优化处理,是各级各类管理者乃至每个公民都应该具备的基本素质.大到国家生产的宏观调控,小到个人的生活、学习、工作规划,都可以用线性规划模型加以解决.

一、生产规划问题模型

例1　某生产车间生产甲、乙两种产品,每件产品都要经过两道工序,即在设备 A 和设备 B 上加工,但两种产品的单位利润却不相同.已知生产单位产品所需的有效时间(单位:小时)及利润见表 6-5.问生产甲、乙两种产品各多少件,才能使所获利润最大.

表 6-5　甲、乙产品资料

	甲	乙	时　间(小时)
设备 A	3	2	60
设备 B	2	4	80
单位产品利润	50 元/件	40 元/件	

解　该问题所需确定的是甲、乙两种产品的产量.先建立其数学模型.

设 x_1, x_2 分别表示产品甲和乙的产量. x_1, x_2 称为**决策变量**.根据问题所给的条件有

$$\begin{cases} 3x_1 + 2x_2 \leqslant 60, \\ 2x_1 + 4x_2 \leqslant 80. \end{cases}$$

又因产量 x_1, x_2 不能是负值,故

$$x_1 \geqslant 0, x_2 \geqslant 0.$$

以上是决策变量 x_1, x_2 受限的条件,把它们合起来称之为约束条件:

$$\begin{cases} 3x_1 + 2x_2 \leqslant 60, \\ 2x_1 + 4x_2 \leqslant 80, \\ x_1, x_2 \geqslant 0. \end{cases}$$

上述问题要确定的目标是:如何确定产量 x_1 和 x_2,才能使所获利润为最大.利润的获取和 x_1, x_2 密切相关,以 f 表示利润,则得到一个线性函数式

$$f = 50x_1 + 40x_2.$$

所给问题目标是要使线性函数 f 取得最大值(用 max 表示),即目标函数是

$$f_{max} = 50x_1 + 40x_2.$$

综上所述,本例的数学模型可归结为:

$$f_{max} = 50x_1 + 40x_2,$$

$$s.t. \begin{cases} 3x_1 + 2x_2 \leqslant 60, \\ 2x_1 + 4x_2 \leqslant 80, \\ x_1 \geqslant 0, x_2 \geqslant 0. \end{cases}$$

这里"s. t."是"subject to"的缩写,表示"在……约束条件之下",或者说"约束为……".

例 2 已知某配送中心现有 Ⅰ,Ⅱ,Ⅲ 三种原材料,可加工出 A,B 两种产品,每吨原材料加工情况及对 A,B 两种产品的需求情况(见表 6-6).

表 6-6

加工件数＼原材料　　产品	Ⅰ	Ⅱ	Ⅲ	需要件数
A	3	2	0	300
B	0	1	2	100
单价	1千元/吨	1千元/吨	1千元/吨	

问:如何配用原材料,能既满足需要,又使原材料耗用的总成本最低?

解 因目标是原材料耗用的总成本最低(用 min 表示),故设 Ⅰ,Ⅱ,Ⅲ 种原材料需求量分别为 x_1,x_2,x_3,则问题可写成如下数学模型:

$$f_{\min}=x_1+x_2+x_3.$$
$$\begin{cases} 3x_1+2x_2\geqslant300, \\ x_2+2x_3\geqslant100, \\ x_j\geqslant0(j=1,2,3). \end{cases}$$

前面两个实际问题的数学模型,尽管问题不同,但都有以下特点:

(1)每一个问题都求一组变量,称为**决策变量**,这组变量取值一般都是非负的;

(2)存在一定的限制条件,称为**约束条件**,通常用一组线性方程或线性不等式来表示;

(3)都有一个目标要求的线性函数,称为**目标函数**,要求目标函数达到最大值或最小值.

一般地,约束条件和目标函数都是线性的,我们把具有这种模型的问题称为**线性规划问题**,简称**线性规划**.

一个线性规划问题的数学模型可归结为如下的一般形式:

求一组决策变量 $x_1,x_2,\cdots,x_n$ 的值,使

$$f_{\max(\min)}=c_1x_1+c_2x_2+\cdots+c_nx_n.$$

$$\text{s. t.}\begin{cases} a_{11}x_1+a_{12}x_2+\cdots+a_{1n}x_n\leqslant(=,\geqslant)b_1, \\ a_{21}x_1+a_{22}x_2+\cdots+a_{2n}x_n\leqslant(=,\geqslant)b_2, \\ \cdots\quad\cdots\quad\cdots\quad\cdots\quad\cdots \\ a_{m1}x_1+a_{m2}x_2+\cdots+a_{mn}x_n\leqslant(=,\geqslant)b_m, \\ x_j\geqslant0(j=1,2,\cdots,n). \end{cases}$$

其中 $a_{ij},b_i,c_j(i=1,2,\cdots,m;j=1,2,\cdots,n)$ 为已知常数.

一个线性规划问题的数学模型,必须含有三大要素:决策变量、约束条件与目标函数.

满足约束条件的一组变量的取值:

$$x_1=x_1^0,x_2=x_2^0,\cdots,x_n=x_n^0,$$

称为线性规划问题的一个**可行解**. 使目标函数取得最大(或最小)的可行解称为**最优解**,此时,目标函数的值称为**最优值**.

1. 图解法

图解法一般只能用来解两个变量的线性规划问题,它直观简便,虽应用范围较小,但有助于理解线性规划问题的几何意义和解的基本情况.

下面通过具体例子介绍图解法.

例3 用图解法求解例1的线性规划问题

$$f_{\max} = 50x_1 + 40x_2.$$

$$\text{s. t.} \begin{cases} 3x_1 + 2x_2 \leqslant 60, \\ 2x_1 + 4x_2 \leqslant 80, \\ x_1, x_2 \geqslant 0. \end{cases}$$

解 在平面直角坐标系 $x_1 O x_2$ 中作直线

$$l_1 : 3x_1 + 2x_2 = 60,$$
$$l_2 : 2x_1 + 4x_2 = 80.$$

如图6-5所示.

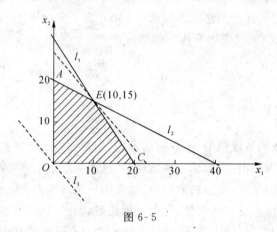

图6-5

约束条件的每一个不等式都表示一个半平面,满足约束条件的点集是四个不等式所对应的四个半平面的公共部分,即上述两条直线及两条坐标轴的边界所围成的凸多边形 $OCEA$ 的内部及边界(图6-5阴影部分).

根据以上分析可知,在这个阴影部分里所有点(包括边界上的点),满足该问题的所有约束条件. 这个范围以外的点,则不能同时满足上述各约束条件.

满足所有约束条件的点称为**可行点**. 每一点代表该线性规划问题的一个可行方案,即一个**可行解**.

所有可行点的集合,称为该问题的可行域,图6-5中四边形 $OCEA$ 内部及边界构成的阴影部分即为可行域,故该问题的可行解有无数个.

一般说来,决策者感兴趣的不是可行域中所有的可行解,而是能使目标函数值达到最优值(最大值或最小值)的可行解,这种解称为**最优可行解**,简称**最优解**. 为寻找最优解,将目标函数写成:$50x_1 + 40x_2 = k$,其中 k 为任意常数. 当 k 为不同值时,此函数表示相互平行的直线,称为**等值线**. 令 $k=0$,得到的直线 $50x_1 + 40x_2 = 0$,叫做**0等值线**.

先作通过原点的0等值线

$$l_3 : 50x_1 + 40x_2 = 0,$$

它与可行域的交点为 $(0,0)$. 将这条直线沿目标函数增大的右上方平移,过顶点 E 时,f 在可行域中取最大值;如继续向右上方平移,则等值线将离开可行域(等值线与可行域没有交点). 故 E 点坐标就是最优解.

求直线 l_1 和 l_2 交点 E 的坐标,即解方程组

$$\begin{cases} 3x_1+2x_2=60, \\ 2x_1+4x_2=80, \end{cases}$$

得到 $x_1=10,x_2=15$,这时最优值 $f=50x_1+40x_2=1100$. 即例 1 中,甲产品产量为 10 件,乙产品产量为 15 件时,所获利润最大,最大利润为 1100 元.

图解法求解线性规划问题的步骤如下:

(1)在平面直角坐标系 x_1Ox_2 内,根据约束条件作出可行域的图形.

(2)作出目标函数的 0 等值线,即目标函数值等于 0 的过原点的直线.

(3)将 0 等值线沿目标函数增大的方向平移,当等值线移至与可行域的最后一个交点(一般是可行域的一个顶点)时,该交点就是所求的最优点. 若等值线与可行域的一条边界重合,则最优点为无穷多个.

(4)求出最优点坐标(两直线交点坐标可联立直线方程求解),即得到最优解 (x_1',x_2') 及最优值 $f(x_1',x_2')$.

例 4 用图解法解线性规则问题

$$f_{\min}=-20x_1-40x_2.$$

$$\text{s. t.}\begin{cases} 3x_1+2x_2\leqslant 60, \\ 2x_1+4x_2\leqslant 80, \\ x_1,x_2\geqslant 0. \end{cases}$$

解 在直角坐标系 x_1Ox_2 中作直线

$$l_1:3x_1+2x_2=60,$$

$$l_2:2x_1+4x_2=80.$$

如图 6-6 所示,得可行域 $OCEA$.

作 0 等值线 $\qquad l_3:20x_1+40x_2=0$

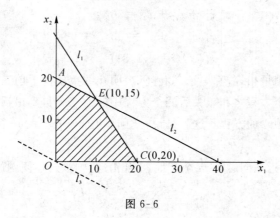

图 6-6

该等值线 l_3 斜率与 l_2 斜率相等,所以 $l_2\parallel l_3$. 当 l_3 向右上方平移时,x_1,x_2 都变大,这时 $f=-20x_1-40x_2$ 变小. 当 l_3 与边界线 AE 重合时,目标函数值最小. 故边界 AE 上的所有点,包括两个端点 $E(10,15)$ 和 $A(0,20)$ 都是此问题的最优解,此时目标函数的最优值为:

$$f(10,15)=f(0,20)=-800.$$

这是线性规划问题有无穷多个最优解的情况. 它同时说明,即使在最优解非唯一时,最

优解还是会出现在可行域的一个顶点上.

二、运输问题模型

例 5 设某种物资有 A_1，A_2，A_3 三个产地和 B_1，B_2，B_3，B_4 四个销地，各产地的产量分别为 25 吨、25 吨和 80 吨，各销地的销量分别为 45 吨、20 吨、30 吨和 35 吨. 由各产地到各销地的单位运价见表 6-7. 问如何安排供应才能使得总运费最省（最优调运方案）?

表 6-7

单位运价　销地 产地	B_1	B_2	B_3	B_4	生产能力
A_1	8	5	6	7	25
A_2	10	2	7	6	25
A_3	9	3	4	9	80
销量	45	20	30	35	130　130

解 设 x_{ij} 表示由产地 A_i 运往销地 B_j 物质数量（$i=1,2,3$；$j=1,2,3,4$），即供应数量，S 为总运费.

由题意可得运输问题的数学模型为：

$$S_{\min}=8x_{11}+5x_{12}+\cdots+9x_{34}.$$

$$\text{s.t.}\begin{cases} x_{11}+x_{12}+x_{13}+x_{14}=25, \\ x_{21}+x_{22}+x_{23}+x_{24}=25, \\ x_{31}+x_{32}+x_{33}+x_{34}=80, \\ x_{11}+x_{21}+x_{31}=45, \\ x_{12}+x_{22}+x_{32}=20, \\ x_{13}+x_{23}+x_{33}=30, \\ x_{14}+x_{24}+x_{34}=35, \\ x_{ij}\geqslant 0\,(i=1,2,3；j=1,2,3,4). \end{cases}$$

由于总产量和总销量相等，都等于 130 吨，表明在约束条件下前三个方程之和等于后四个方程之和. 用前三个方程之和减去后四个方程中的前三个得到最后一个方程，因此，约束条件实际上只有 6 个独立的方程. 这就是说，此问题有 $3+4-1=6$（个）基变量，其他是非基变量.

一般地，如果一个运输问题有 m 个产地，n 个销地，则该运输问题的数学模型可表示为：

$$S_{\min}=\sum_{i=1}^{m}\sum_{j=1}^{n}c_{ij}x_{ij}.$$

$$\text{s.t.}\begin{cases} \displaystyle\sum_{j=1}^{n}x_{ij}=a_i\,(i=1,2,\cdots,m), \\ \displaystyle\sum_{i=1}^{m}x_{ij}=b_j\,(j=1,2,\cdots,n), \\ x_{ij}\geqslant 0\,(i=1,2,\cdots,m；j=1,2,\cdots,n), \end{cases}$$

其中，x_{ij} 表示第 i 个产地运往第 j 个销地的**运输量**；c_{ij} 表示第 i 个产地运往第 j 个销地的单位运价;S 表示总运费;a_i 是第 i 个产地的**产量**;b_j 是第 j 个销地的**销量**.

例 6 设某商品有三个产地和四个销地,它们的产量和销量及单位运价见表 6-8. 问:应如何安排供应,才能使总运费最省?

表 6-8

单位运价 \ 销地 \ 产地	B_1	B_2	B_3	B_4	产 量
A_1	2	11	3	4	7
A_2	10	3	5	9	5
A_3	7	8	1	2	7
销 量	2	3	4	6	15 / 19

解 这一问题是不平衡运输问题,销量比产量少 4 吨. 因此,有 4 吨在原地不调运.

现虚设一个销地(或增加一个库存,库存为 4 吨),同时在运价表上增加一列,因为库存不需要运费,所以这一列的运价都填上零,见表 6-9.

表 6-9

单位运价 \ 销地 \ 产地	B_1	B_2	B_3	B_4	库 存	产 量
A_1	2	11	3	4	0	7
A_2	10	3	5	9	0	5
A_3	7	8	1	2	0	7
销 量	2	3	4	6	4	19 / 19

这样,就把不平衡运输问题转化为平衡运输问题,可以按满足产销平衡的条件,求得它的最优调运方案.

注意: 在利用最小元素法编制初始调运方案时,不考虑库存一列,然后逐次取最小运价进行编制,得初始调运方案,见表 6-10.

表 6-10

单位运价 \ 销地 \ 产地	B_1	B_2	B_3	B_4	库 存	产 量
A_1	2②	11×	3×	4③	0②	7
A_2	10×	3③	5×	9×	0②	5
A_3	7×	8×	1④	2③	0×	7
销 量	2	3	4	6	4	19

方案中调运量的个数为 $3+5-1=7$(个). 经检验,表 6-10 中的初始调运方案就是最优方案,总运费 $S=2\times2+4\times3+3\times3+1\times4+2\times3=35$(元). 由表 6-10 可以看出,多余的 4 吨物资应库存在 A_1,A_2 两地各 2 吨,然后进行平衡物质调运才能使总运费最少.

以上各问题求解可由 MATLAB 软件命令直接求得,有关求解过程请参照第五章数学实验部分.

习题 6—4

1. 某厂准备生产三种产品，需要消耗劳动力与原料两种资源，有关数据如表 6-11 所示：

表 6-11

单位消耗 产品 资源	A_1	A_2	A_3	资源限量
劳动力	6	3	5	45（单位）
原　料	3	4	5	30（单位）
单位利润	3	1	5	

试建立数学模型，确定总利润最大的生产计划.

2. 一公司饲养某种动物，每个动物每天至少需要蛋白质 70 克，矿物质 3 克，维生素 10 毫克，该公司能买到五种不同的饲料，每种饲料 1 千克所含的营养成分如表 6-12：

表 6-12

饲　料	蛋白质（克）	矿物质（克）	维生素（毫克）
A_1	0.30	0.10	0.05
A_2	2.00	0.05	0.10
A_3	1.00	0.02	0.02
A_4	0.60	0.20	0.20
A_5	1.80	0.05	0.08

每种饲料 10 千克的成本如表 6-13 所示：

表 6-13

饲　料	A_1	A_2	A_3	A_4	A_5
成本（元）	2	7	4	3	5

要求确定既能满足动物生长所需，又使总成本为最低的饲料配方，试建立数学模型解决这个问题.

第五节　层次分析法模型

层次分析法（The analytic hierarchy process）简称 AHP，在 20 世纪 70 年代中期由美国运筹学家托马斯·塞蒂（T. L. Saaty）正式提出. 在错综复杂的情况下，人们期望从各种信息中作出最好的选择. 如大学毕业生希望挑选出最满意的用人单位，高中毕业生期望报考最合适的学校与专业，顾客期望选购最满意的商品等等. 这些问题需要考虑的因素很多，有些因素可以量化，有些因素只能做定性的分析. 层次分析法就是把这些问题进行定量分析，并对各种方案予以科学评价的一种有效的方法.

例 1　假设某公司要招聘一名经理，应聘者有三人 y_1, y_2, y_3，该公司招聘经理的条件有五项:品德、才能、资历、年龄和责任心. 对各种条件进行综合考虑,试挑选出最满意的应聘者.

1. 建立层次分析模型

对该问题的综合考虑,可得到如下的层次分析模型,如图 6-7 所示.

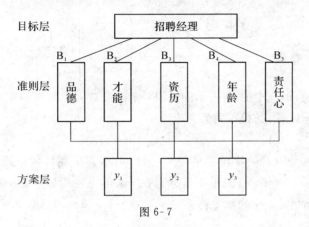

图 6-7

这里需要考虑的所有因素分为三个层次:目标层、准则层、方案层. 目标层表示所要解决的问题;准则层表示要达到此目标所要考虑的各种因素;方案层表示在这些准则下各种具体可能的选择.

2. 构建准则层对目标层的两两比较矩阵

设品德、才能、资历、年龄和责任心分别表示为 x_1, x_2, x_3, x_4, x_5,我们以此例来说明构造两两比较矩阵的含义与方法.

首先要确定准则对目标层(招聘经理)的重要性. 我们用量化的权重表示准则对上一层目标的重要程度. 即要确定品德 x_1、才能 x_2、资历 x_3、年龄 x_4 和责任心 x_5 在招聘经理的目标中分别占有的百分比. 在实际问题中人们往往习惯作两个事件的对比,在求权重时我们也用两两比较的方法,将各因素的重要性数量化,即在五个准则 x_1, x_2, x_3, x_4, x_5 中分别比较每两个相对招聘经理这个目标的重要性.

任取两个因素,不妨取品德 x_1 与才能 x_2,用正数 a_{12} 表示 x_1 相对 x_2 的重要性之比. a_{12} 可以在数字 $1, 2, \cdots, 9$ 及其倒数 $1, \frac{1}{2}, \cdots, \frac{1}{9}$ 中选取. 其意义见表 6-14 所示:

表 6-14

x_i 比 x_j	相　同	稍重要	重　要	很重要	绝对重要
a_{ij}	1	3	5	7	9

有时为需要 a_{ij} 还可以插入中间值 $2, 4, 6, 8$. 如果一个决策人认为品德 x_1 与才能 x_2 的重要性差不多,只是品德稍稍重要一点,这时 a_{12} 可取 2. 他的选择也意味着才能 x_2 比品德的重要性稍稍低一点,此时 $a_{21} = \frac{1}{2}$. 同样我们把 x_1 与 x_3 比较,得到 a_{13}, a_{31}. 由全部两两比较的结果写成下面的矩阵,此矩阵称为**两两比较矩阵**. 例如,根据某个决策人的比较,得到如下一个两两比较矩阵:

$$\begin{bmatrix} 1 & 2 & 7 & 5 & 5 \\ \dfrac{1}{2} & 1 & 4 & 3 & 3 \\ \dfrac{1}{7} & \dfrac{1}{4} & 1 & \dfrac{1}{2} & \dfrac{1}{3} \\ \dfrac{1}{5} & \dfrac{1}{3} & 2 & 1 & 1 \\ \dfrac{1}{5} & \dfrac{1}{3} & 3 & 1 & 1 \end{bmatrix}$$

对招聘经理来说,矩阵中的 a_{ij} 表示的是第 i 个因素对 j 个因素的重要性. 如 $a_{13}=7$,表示品德 x_1 与资历 x_3 比较,品德很重要.

3. 一致性检验

若决策人对这五个因素的比较意见完全一致,则不会出现任何矛盾. 决策者的心目中都有一个重要的指标. 例如,x_1 的重要指标是 ω_1,x_2 的重要指标是 ω_2,$\cdots$,x_5 的重要指标是 ω_5,即 x_i 的重要指标是 ω_i,x_j 的重要指标是 $\omega_j(i,j=1,2,3,4,5)$,那么 a_{ij} 恰恰是 ω_i 与 ω_j 的比值,即

x_i 相对 x_j 的重要性 a_{ij},也等于 x_i 相对 x_k 的重要性 a_{ik} 与于 x_k 相对 x_j 的重要性 a_{kj} 的乘积,这是因为

$$a_{ij}=\frac{\omega_i}{\omega_j}=\frac{\omega_i}{\omega_k}\cdot\frac{\omega_k}{\omega_j}=a_{ik}\cdot a_{kj}.$$

显然,对于任意的 i,j,k,总有

$$a_{ik}\cdot a_{kj}=a_{ij}. \tag{6-1}$$

满足条件(6-1)的两两比较矩阵称为**一致矩阵**. 由于人们在实际中往往带有主观性与片面性,两两比较矩阵不一定都是一致矩阵,极有可能出现 $a_{ik}\cdot a_{kj}\neq a_{ij}$. 因此,要对两两比较矩阵进行一致性检验. 根据一致矩阵的要求,验证所有的 $a_{ik}\cdot a_{kj}$ 是否等于 a_{ij} 是非常不容易的事情. 另一种方法是所谓的"最大特征值"法. 可以证明以下结论:如果 n 阶两两比较矩阵是一致矩阵,则这个矩阵的最大特征值就是 n. 求最大特征值我们可以借助数学软件MATLAB求得,有兴趣的同学请查阅有关参考书.

借助于最大特征值我们就可以判断该矩阵是否为一致矩阵. 如果一个矩阵不具有一致性,数学上可以证明它的最大特征值一定大于 n. 最大特征值比 n 大的越多,不一致程度就越严重. 这时我们可以修改两两比较矩阵,直到得出满意的一致性矩阵为止. 如果最大特征值与 n 的差不太大,说明矩阵的不一致程度不太严重,我们就认为矩阵基本上是一致矩阵. 从理论上说,通常一个矩阵,只有很少的例外是严格满足一致性要求的.

可以用 MATLAB 求得例 2 中的两两比较矩阵的最大特征值为 5.072,说明该矩阵不是一致矩阵,但它的不一致性是可以接受的,我们认为它是一致性矩阵.

4. 各因素的权重计算

在确定两两比较矩阵

$$\begin{pmatrix} 1 & 2 & 7 & 5 & 5 \\ \dfrac{1}{2} & 1 & 4 & 3 & 3 \\ \dfrac{1}{7} & \dfrac{1}{4} & 1 & \dfrac{1}{2} & \dfrac{1}{3} \\ \dfrac{1}{5} & \dfrac{1}{3} & 2 & 1 & 1 \\ \dfrac{1}{5} & \dfrac{1}{3} & 3 & 1 & 1 \end{pmatrix}$$

满足一致性要求后,我们计算各因素对目标(招聘经理)的权重.

具体方法为:

将矩阵同一行的 5 个数字相加,例如第一行的 5 个数字相加得

$$1+2+7+5+5=20,$$

各行数字相加的和依次为

$$20,11.5,2.226,4.533,5.533.$$

总和为 43.792.

第一个因素的权重为: $\dfrac{20}{43.792}=45.67\%$.

这种求权重的方法称为**和法**.

按照这个方法各因素在目标中所占的权重都可以计算,其结果如表 6-15 所示.

表 6-15

因素	x_1	x_2	x_3	x_4	x_5
权重 $\omega(\%)$	45.67	26.26	5.08	10.35	12.64

从表中数据可看出,决策者在招聘经理时,品德条件最重要,其次是才能、责任心和年龄,最后才是资历.

5. 决策方法

现在要从三位应聘者 y_1,y_2,y_3 中,选择一位总体上最适合上述五个条件的应聘者.

于是对三位应聘者分别比较他们的品德 x_1、才能 x_2、资历 x_3、年龄 x_4 和责任心 x_5.

例如,先两两比较三个应聘者的品德,得两两比较矩阵

$$B_1=\begin{pmatrix} 1 & \dfrac{1}{3} & \dfrac{1}{8} \\ 3 & 1 & \dfrac{1}{3} \\ 8 & 3 & 1 \end{pmatrix}.$$

在这个矩阵中的第一行第二列的元素 $\dfrac{1}{3}$ 的含义是:就品德而言,第一个应聘者比第二个应聘者稍差一点. 矩阵中的其他元素表示相应的应聘者品德比较的结果.

求 B_1 的最大特征值为 3.8134,可知矩阵 B_1 的不一致性可接受. 按上述计算权重的方法可得,对品德 x_1 而言,三个应聘者的权重分别为

$$0.082,0.244,0.674.$$

类似地,分别比较三个应聘者的才能 x_2、资历 x_3、年龄 x_4 和责任心 x_5,得两两比较矩阵

分别如下:

$$B_2 = \begin{bmatrix} 1 & 2 & 5 \\ \dfrac{1}{2} & 1 & 2 \\ \dfrac{1}{5} & \dfrac{1}{2} & 1 \end{bmatrix}, B_3 = \begin{bmatrix} 1 & 1 & 3 \\ 1 & 1 & 3 \\ \dfrac{1}{3} & \dfrac{1}{3} & 1 \end{bmatrix}$$

$$B_4 = \begin{bmatrix} 1 & 3 & 4 \\ \dfrac{1}{3} & 1 & 1 \\ \dfrac{1}{4} & 1 & 1 \end{bmatrix}, B_5 = \begin{bmatrix} 1 & 1 & \dfrac{1}{4} \\ 1 & 1 & \dfrac{1}{4} \\ 4 & 4 & 1 \end{bmatrix}$$

相对才能 x_2,可计算出三个应聘者的权重分别为
$$0.606, 0.265, 0.129.$$

相对资历 x_3,三个应聘者的权重分别为
$$0.429, 0.429, 0.142.$$

相对年龄 x_4,三个应聘者的权重分别为
$$0.636, 0.185, 0.179.$$

相对责任心 x_5,三个应聘者的权重分别为
$$0.167, 0.167, 0.666.$$

把每个应聘者的各因素(准则)得分与各因素在总目标(招聘经理)中的权重联系起来,可得到每个应聘者的总得分. 例如第一位应聘者 y_1 的总得分为
$$0.4567 \times 0.082 + 0.2626 \times 0.606 + 0.0508 \times 0.429 + 0.1035 \times 0.636 + 0.1264 \times 0.167 = 0.3053.$$

同理可得第一、三位应聘者的总得分别为 0.2431 与 0.4526. 由此比较得分的多少,可以推得第三位应聘者是此次招聘经理的第一人选.

例 2 大学生毕业选择单位问题.

某大学生即将毕业,有三个单位可供选择,假设该生选择职业时,主要考虑以下因素:
(1)进一步深造的条件;(2)单位以后的发展前途;(3)本人的兴趣和爱好;(4)单位所处的地域;(5)单位的声誉;(6)单位的效益、工资与福利. 收集三个单位的有关信息并根据该大学生对各准则(1)~(6)的偏好,帮他选择一个最满意的单位.

1. 问题分析

本问题是对候选单位进行综合评价,这名大学生要选择比较满意的单位,他要考虑以上六种因素,即(1)进一步深造的条件;(2)单位以后的发展前途;(3)本人的兴趣和爱好;(4)单位所处的地域;(5)单位的声誉;(6)单位的效益、工资与福利.

设这六个因素依次分别为 $x_1, x_2, x_3, x_4, x_5, x_6$. 该大学生有三个可选择单位. 这里需要考虑的所有因素分为三个层次:目标层、准则层、方案层. 目标层表示所要解决的问题是选择工作单位;准则层表示要达到此目标所要考虑的各种因素就是上述六个方面;方案层表示在这些准则下各种具体可能的选择,最后选出满意的工作单位.

2. 模型建立

由问题分析,他有三个可选择单位. 我们建立目标为选择工作单位的层次结构模型,如

图 6-8 所示.

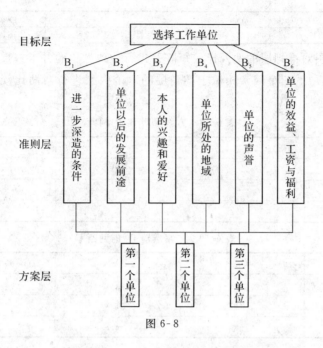

图 6-8

3. 模型求解

(1)构造准则层对目标层的两两比较矩阵,并进行一致性检验及求权重.

让该生对准则层的六个因素进行两两比较,设其结果如表 6-16 所示:

表 6-16

	B₁	B₂	B₃	B₄	B₅	B₆
B_1	1	9	5	1/3	3	7
B_2	1/9	1.	5	1/5	1/3	3
B_3	1/5	1/5	1	1/7	1/5	1/3
B_4	4	5	7	1	5	3
B_5	1/3	3	5	1/5	1	2
B_6	1/7	1/3	3	1/3	1/2	1

则准则层对目标层的两两比较矩阵为

$$\begin{pmatrix} 1 & 9 & 5 & \dfrac{1}{3} & 3 & 7 \\[2mm] \dfrac{1}{9} & 1 & 5 & \dfrac{1}{5} & \dfrac{1}{3} & 3 \\[2mm] \dfrac{1}{5} & \dfrac{1}{5} & 1 & \dfrac{1}{7} & \dfrac{1}{5} & \dfrac{1}{3} \\[2mm] 4 & 5 & 7 & 1 & 5 & 3 \\[2mm] \dfrac{1}{3} & 3 & 5 & \dfrac{1}{5} & 1 & 2 \\[2mm] \dfrac{1}{7} & \dfrac{1}{3} & 3 & \dfrac{1}{3} & \dfrac{1}{2} & 1 \end{pmatrix}.$$

经计算其最大特征值为 6.28,大于 6,它不是一致矩阵,但它的不一致性是可接受的.

利用和法求得权重如表 6-17 所示:

表 6-17

因　素	x_1	x_2	x_3	x_4	x_5	x_6
权重 ω	32%	12%	2%	32%	15%	7%

（2）构造方案层对准则层的两两比较矩阵并进行一致性检验并求权重.

让该生对方案层的三个因素相对于准则层的六个因素进行两两比较,设其结果如下面六个表.

表 6-18　方案层对 B_1 的判断

B_1	C_1	C_2	C_3
C_1	1	3	$\frac{1}{2}$
C_2	$\frac{1}{3}$	1	$\frac{1}{5}$
C_3	2	5	1

表 6-19　方案层对 B_2 的判断

B_2	C_1	C_2	C_3
C_1	1	$\frac{1}{2}$	3
C_2	2	1	7
C_3	$\frac{1}{3}$	$\frac{1}{7}$	1

表 6-20　方案层对 B_3 的判断

B_3	C_1	C_2	C_3
C_1	1	5	$\frac{1}{7}$
C_2	$\frac{1}{5}$	1	$\frac{1}{9}$
C_3	7	9	1

表 6-21　方案层对 B_4 的判断

B_4	C_1	C_2	C_3
C_1	1	$\frac{1}{5}$	7
C_2	5	1	4
C_3	$\frac{1}{7}$	$\frac{1}{4}$	1

表 6-22　方案层对 B_5 的判断

B_5	C_1	C_2	C_3
C_1	1	2	$\frac{1}{4}$
C_2	$\frac{1}{2}$	1	$\frac{1}{7}$
C_3	4	7	1

表 6-23　方案层对 B_6 的判断

B_6	C_1	C_2	C_3
C_1	1	$\frac{1}{3}$	5
C_2	3	1	7
C_3	$\frac{1}{5}$	$\frac{1}{7}$	1

于是可得方案层三个因素针对于准则层每个准则的两两比较:

$$B_1 = \begin{pmatrix} 1 & 3 & \frac{1}{2} \\ \frac{1}{3} & 1 & \frac{1}{5} \\ 2 & 5 & 1 \end{pmatrix}, B_2 = \begin{pmatrix} 1 & \frac{1}{2} & 3 \\ 2 & 1 & 7 \\ \frac{1}{3} & \frac{1}{7} & 1 \end{pmatrix},$$

$$B_3 = \begin{pmatrix} 1 & 5 & \frac{1}{7} \\ \frac{1}{5} & 1 & \frac{1}{9} \\ 7 & 9 & 1 \end{pmatrix}, B_4 = \begin{pmatrix} 1 & \frac{1}{5} & 7 \\ 5 & 1 & 4 \\ \frac{1}{7} & \frac{1}{4} & 1 \end{pmatrix},$$

$$B_5 = \begin{pmatrix} 1 & 2 & \frac{1}{4} \\ \frac{1}{2} & 1 & \frac{1}{7} \\ 4 & 7 & 1 \end{pmatrix}, B_6 = \begin{pmatrix} 1 & \frac{1}{3} & 5 \\ 3 & 1 & 7 \\ \frac{1}{5} & \frac{1}{7} & 1 \end{pmatrix}.$$

对上述每一个矩阵进行一致性检验,并求相应的权重,得到如下结果:

对于 B_1:可求得其最大特征值为 3.0037,B_1 的不一致性是可接受的.相对进一步深造的条件 x_1,可计算出其权重分别为

$$0.32, 0.11, 0.57.$$

对于 B_2:可求得其最大特征值为 3.0026,B_2 的不一致性是可接受的.相对单位以后发展前途 x_2,可计算出其权重分别为

$$0.28, 0.63, 0.09.$$

对于 B_3:可求得其最大特征值为 3.0000,B_3 是一致矩阵.相对本人的兴趣及爱好 x_3,可计算出其权重分别为

$$0.25, 0.05, 0.70.$$

对于 B_4:可求得其最大特征值为 3.0092,B_4 的不一致性是可接受的.相对单位所处的地域 x_4,可计算出其权重分别为

$$0.42, 0.51, 0.07.$$

对于 B_5:可求得其最大特征值为 3.0020,B_4 的不一致性是可接受的.相对单位的声誉 x_5,可计算出其权重分别为

$$0.19, 0.10, 0.71.$$

对于 B_6:可求得其最大特征值为 3.0649,B_6 的不一致性是可接受的.相对单位的效益、工资与福利 x_6,可计算出其权重分别为

$$0.34, 0.59, 0.07.$$

(3)求各方案的综合得分并进行排序

第一个单位的总得分:

$32\% \times 0.32 + 12\% \times 0.28 + 2\% \times 0.25 + 32\% \times 0.42 + 15\% \times 0.19 + 7\% \times 0.34 = 0.3277.$

第二个单位的总得分:

$32\% \times 0.11 + 12\% \times 0.63 + 2\% \times 0.05 + 32\% \times 0.51 + 15\% \times 0.10 + 7\% \times 0.59 = 0.3313.$

第二个单位的总得分:

$32\% \times 0.57 + 12\% \times 0.09 + 2\% \times 0.70 + 32\% \times 0.07 + 15\% \times 0.71 + 7\% \times 0.07 = 0.4061.$

因为第三个单位的总得分最大,所以该大学生应该选择第三个单位.

习题 6—5

1. 某企业由于生产效益较好,年底取得一笔利润,领导决定拿出一部分资金分别用于:(1)为企业员工发放年终奖;(2)扩建集体福利设施;(3)引进人才与设备. 为了促进企业的进一步发展,在制定分配方案时,主要考虑的因素有:调动员工的积极性,提高企业产品的质量,改善企业员工的生活条件. 这三个方面都要考虑到. 但是困难在于:年终奖发多少? 扩建集体福利设施支出多少? 拿多少资金用于引进人才与设备? 试建立层次分析法模型,提出一个较好的资金分配方案.

2. 国庆节放假,居住沈阳的小李准备去旅游,是去风光旖旎的苏杭二州,还是去迷人的海南三亚,或者去四季如春的昆明. 假期不过七天,只能出游一个地方. 小李必须对此作出选择. 小李会根据诸如景色、费用、居住条件、饮食、旅途条件等五个方面,选择一处旅游地. 请你根据当地的实际帮助小李确定一个较佳的旅游方案.

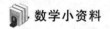 数学小资料

数学建模竞赛的由来和发展

大学生数学建模竞赛诞生于美国,其起源与普特南(Putnam)数学竞赛有关,这个竞赛培养出许多优秀的数学家和科学家.

普特南,1882 年毕业于哈佛大学. 他深信在正规大学的学习中组队竞赛的价值. 他在哈佛毕业生杂志 1921 年 12 月那期上写的一篇文章中阐述了大学间智力竞赛的价值和优点. 到了 1938 年才由美国数学协会组织了第一次正式的竞赛.

该竞赛自 1938 年举行以来,除了因为第二次世界大战,从 1943 到 1945 停办,以及 1958 年举办了两次竞赛外,都是一年一度的竞赛. 近年来大约有 500 多所大学的 3500~3800 左右的大学生参加这个竞赛.

由于赛题相当难,因此该竞赛被美国时代杂志(Time Magazine)称为"世界上最难的数学竞赛(World's Toughest Math Contest)".

很多普特南数学竞赛的优胜者,后来成为著名的科学家、数学家和企业家.

由于计算机、计算技术和能力以及网络技术的迅速发展,数学的应用范围日益扩大,越来越多的人认识到数学特别是数学建模的重要性,要求数学教育(包括数学竞赛)作出相应的改变. 数学竞赛形成了新的基本理念. 竞赛终于在 1985 年举行了. 竞赛的名称则改为(美国)大学生数学建模竞赛(The Mathematical Competition in Modeling,缩写为 MCM),后来改为 The Mathematical Contest in Modeling,其缩写不变. 1999 年又增加了跨学科建模竞赛(The Interdisciplinary Contest in Modeling,缩写为 ICM).

如果说普特南数学竞赛是一种彻底闭卷的考试,那么大学生数学建模竞赛就是一种彻底公开的考试. 它们都是一年一度的,主要面向大学生的通讯竞赛,由三个大学生组成一个队参加竞赛,每个队选择竞赛组织者提出的问题之一,运用数学建模的方法来解决或部分解

决该实际问题并写成论文,在指定的时间之前寄给竞赛组织者,然后由 MCM 委员会和 ICM 委员会分别邀请专家进行评阅和评奖.评奖等级分为:特等奖、一等奖、二等奖与三等奖.

我国从 1992 年开始举办的一年一度的中国大学生数学建模竞赛,其形式仿自美国,但是我们充分考虑到我国的国情,在教育部的领导和指导下取得了很大的成绩,培养了大批的优秀学生和优秀教师.

为什么要参加大学生数学建模竞赛? 如果只能用一句话来回答的话,那就是,因为大学生数学建模竞赛是培养学生创新能力和竞争能力的极好的、具体的载体.学生将来的发展和成就是和他们坚实的数学基础密切相关的.但是现在的数学教学确实有许多不足之处有待改革,特别是怎么做到不仅教知识,而且要教知识是怎样用来解决实际问题的.让部分师生参加到数学建模活动,特别是大学生数学建模竞赛肯定是有利于推动教学改革的.

培训内容可以是教师启发式地讲授微积分、线性代数、概率统计初步以及数学软件等方面的扩充知识.主要是要提高学生自学的能力.更重要的是用讨论班的形式让学生具体了解竞赛要完成什么任务,给学生过去的优秀论文,自己去理解、消化和发现问题,然后在讨论班上报告,在讨论班上教师的作用既要尽可能起到启发和答疑的主导作用,更要用心观察学生学习过程中的问题与困难之所在.让学生适应实战情形.指导学生怎样写论文,仔细阅读学生的论文,具体地指出优缺点和改进建议.将能够很好合作又具备不同的(例如,数学、计算机编程和写作)能力的三个同学组织成一个队.提高学生的表达能力和写作水平.

参加数学建模比赛可以让学生独立去迎接竞赛的挑战,可以说是"临门一脚",既体现培训的成果,也要充分展现学生的应变能力,当然有时候也有运气的问题.最主要应该做好以下事情:

(1)要有充分的时间来审题,展开充分的讨论,写下曾经讨论过的所有假设,设想的各种做法,作为需要修改模型时的参考.

(2)首先针对题目的要求来进行数学建模,回答题目中的问题,再做自己的发挥.

(3)一开始就有一位队员负责写论文的初稿.特别要写好摘要.语句通顺、实事求是,引用别人的结果一定要说明,并在参考文献中写明.要有精益求精的精神,不断仔细阅读、检查、修改自己的论文.

(4)因为在三天内不可能把三个人的想法都实现,在交卷前记下自己曾经想过的(不一定来得及做的)设想、解法以及查到的参考文献.

竞赛结束并不意味着对参赛同学的挑战的终结,在某种意义上说是真正收获开始.理由有二:其一是,绝大多数同学在参赛的三天里有很多想法,由于时间的限制,无法去试一试,更不知道这些想法是不是更好;另外,已经做出的成果是否有缺陷等许多问题,需要推敲和深入研究,好好总结.只有能善于总结,发现自己优缺点的人,才能做到扬长避短,不断前进,取得更大的成绩.

参 考 答 案

1. 略.

2. (1)是;(2)是;(3)不是;(4)是.

3. 略.

4. 略.

1. (1) $y=Ce^{x^3}$;(2) $y=\dfrac{C}{x}$;(3) $y=\dfrac{1}{\ln(C\sqrt{1+x^2})}$;(4) $y=\tan\left(\dfrac{x^2}{2}+x+C\right)$.

2. (1) $y=2+Ce^{-x^2}$;(2) $y=-\dfrac{1}{2}\left(x^2+x+\dfrac{1}{2}\right)+Ce^{2x}$;(3) $y=e^{-x}(x+C)$;

   (4) $y=x(\sin x+C)$;(5) $y=\dfrac{1}{x^2+1}\left(\dfrac{4}{3}x^3+C\right)$;(6) $y=y^3\left(\dfrac{1}{2y}+C\right)$.

3. (1) $y=\dfrac{2}{3}(4-e^{-3x})$;(2) $y=x^{-3}(2x-1)$;(3) $y=\dfrac{x}{\cos x}$;(4) $y=\dfrac{1}{2}-\dfrac{1}{x}+\dfrac{1}{2x^2}$.

4. $y=2(e^x-x-1)$.

5. 60分钟.

1. (1) $y=C_1e^{-x}+C_2e^{3x}$;(2) $y=C_1e^{\frac{x}{2}}+C_2e^{2x}$;(3) $y=C_1+C_2e^{2x}$;

   (4) $y=(C_1+C_2x)e^{2x}$;(5) $y=(C_1+C_2x)e^x$;(6) $y=e^{-3x}(C_1\cos 2x+C_2\sin 2x)$;

   (7) $y=e^{2x}(C_1\cos x+C_2\sin x)$;(8) $y=e^{-x}(C_1\cos 3x+C_2\sin 3x)$.

2. (1) $y=e^{-4x}+4e^x$;(2) $y=4e^x+2e^{3x}$;(3) $y=(2+x)e^{-\frac{x}{2}}$;

   (4) $y=3e^{-2x}\sin 5x$;(5) $y=e^{-x}(2\cos 2x+\sin 2x)$;(6) $y=(1+7x)e^{4x}$.

3. $s=6e^{-t}\sin 2t$.

1. (1) $y^*=2x^2-7$;(2) $y^*=e^x$;

   (3) $y^*=3xe^{2x}$;(4) $y^*=-\dfrac{3}{10}\cos x+\dfrac{1}{10}\sin x$.

2. (1) $y=e^{3x}(C_1\cos 2x+C_2\sin 2x)+3$;(2) $y=C_1e^x+C_2e^{-4x}-\dfrac{1}{2}x+\dfrac{11}{8}$;

   (3) $y=C_1e^{\frac{x}{2}}+C_2e^{-x}+e^x$;(4) $y=C_1\cos x+C_2\sin x-\dfrac{1}{2}x\cos x$;

3. (1) $y=-e^{2x}+\dfrac{1}{2}e^{4x}+\dfrac{1}{2}$;(2) $y=\dfrac{5}{3}e^x-\dfrac{7}{6}e^{-2x}-x-\dfrac{1}{2}$;

   (3) $y=\dfrac{1}{2}(e^x+e^{9x})-\dfrac{1}{7}e^{2x}$;(4) $y=\dfrac{1}{24}\cos 3x+\dfrac{1}{8}\cos x$.

1. 略.

2. 略.

3. $(-1,2,-3),(1,2,-3),$
$(-1,-2,-3),(-1,2,3),$
$(1,-2,-3),(-1,-2,3),(1,2,3).$

4. 提示：$|AB|=\sqrt{14},|BC|=\sqrt{6},|AC|=\sqrt{6}.$

5. $\{-3,-4,0\};\left\{\pm\dfrac{3}{5},\pm\dfrac{4}{5},0\right\}.$

6. $2;\cos\alpha=-\dfrac{1}{2},\cos\beta=-\dfrac{\sqrt{2}}{2},\cos\gamma=\dfrac{1}{2};\alpha=\dfrac{2\pi}{3},\beta=\dfrac{3\pi}{4},\gamma=\dfrac{\pi}{3}.$

7. $\left\{\dfrac{3\sqrt{3}}{2},\dfrac{3\sqrt{2}}{2},-\dfrac{3\sqrt{2}}{2}\right\}.$

8. $8,1,1.$

习题 2－2

1. 5.

2. $-2.$

3. $\dfrac{\pi}{3}.$

4. $(1)-9;(2)\arccos\dfrac{5}{\sqrt{30}};(3)\dfrac{15}{\sqrt{6}}.$

5. 10 J.

6. $a=i-11j-17k.$

7. $\pm\dfrac{1}{\sqrt{11}}\{1,-3,-1\}.$

8. $\sqrt{14}.$

9. $5i-14j-8k.$

习题 2－3

1. $x-2y+3z-1=0.$

2. $14x+9y-z-15=0.$

3. $2x-y=0.$

4. $x-z=0.$

5. $2x-y-z=0.$

6. $1,7.$

7. $\dfrac{x-1}{3}=\dfrac{y+2}{-1}=\dfrac{z-3}{2}.$

8. $\begin{cases} x+2=0, \\ y-4=0. \end{cases}$

9. $\dfrac{x+1}{1}=\dfrac{y+2}{11}=\dfrac{z}{7}.$

10. $\dfrac{x+3}{17}=\dfrac{y-2}{-1}=\dfrac{z-5}{7}.$

习题 2—4

1. $(x-1)^2+(y+4)^2+(z-2)^2=25$.

2. 球面.

3. $x^2+y^2+z^2=16$.

4. $x^2+z^2=4y$.

5. 绕 x 轴：$4x^2-9(y^2+z^2)=1$，

　绕 y 轴：$4(x^2+z^2)-9y^2=1$.

6. (1) y 轴，yOz 坐标面；

　(2) 过原点的直线，过原点的平面；

　(3) 圆，母线平行于 z 轴的圆柱面、准线是 xOy 坐标面上的圆；

　(4) 椭圆，母线平行于 z 轴的椭圆柱面、准线是 xOy 坐标面上的椭圆；

　(5) 双曲线，母线平行于 z 轴的双曲柱面、准线是 xOy 坐标面上的双曲线；

　(6) 抛物线，母线平行于 z 轴的抛物柱面、准线是 xOy 坐标面上的抛物线.

7. (1) 椭球面；(2) 单叶双曲面；

　(3) 椭圆抛物面；(4) 双叶双曲面.

习题 3—1

1. (1) $\{(x,y)\mid x^2+y^2<1\}$；(2) $\{(x,y)\mid x+y>0,x-y>0\}$；

　(3) $\{(x,y)\mid -2\leqslant x\leqslant 2,-3\leqslant y\leqslant 3\}$；(4) $\{(x,y)\mid y-x>0,x\geqslant 0,x^2+y^2<1\}$；

　(5) $x-y+1\geqslant 0$.

2. 7.

3. $3xy+6x+4y$.

习题 3—2

1. (1) $\dfrac{\partial z}{\partial x}=2xy-y^2$，$\dfrac{\partial z}{\partial y}=x^2-2xy$.

　(2) $\dfrac{\partial z}{\partial x}=2x-\dfrac{1}{y^2}$，$\dfrac{\partial z}{\partial y}=\dfrac{2x}{y^3}$.

　(3) $\dfrac{\partial z}{\partial x}=\dfrac{2}{x}$，$\dfrac{\partial z}{\partial y}=-2y\mathrm{e}^{y^2}$.

　(4) $\dfrac{\partial z}{\partial x}=2xy\cos x^2y-\dfrac{1}{3\sqrt[3]{(x+y)^2}}$，$\dfrac{\partial z}{\partial y}=x^2\cos x^2y-\dfrac{1}{3\sqrt[3]{(x+y)^2}}$.

　(5) $\dfrac{\partial z}{\partial x}=\dfrac{1}{2x\sqrt{\ln(xy)}}$，$\dfrac{\partial z}{\partial y}=\dfrac{1}{2y\sqrt{\ln(xy)}}$.

　(6) $\dfrac{\partial z}{\partial x}=\sqrt{y}-\dfrac{y}{3x^{\frac{4}{3}}}$，$\dfrac{\partial z}{\partial y}=\dfrac{x}{2\sqrt{y}}+\dfrac{1}{\sqrt[3]{x}}$.

　(7) $\dfrac{\partial z}{\partial x}=\dfrac{1}{1+(x-y^2)^2}$，$\dfrac{\partial z}{\partial y}=\dfrac{-2y}{1+(x-y^2)^2}$.

　(8) $\dfrac{\partial z}{\partial x}=y+\dfrac{1}{y}$，$\dfrac{\partial z}{\partial y}=x-\dfrac{x}{y^2}$.

2. (1) $\dfrac{\partial^2 z}{\partial x^2}=2a^2\cos 2(ax+by)$，$\dfrac{\partial^2 z}{\partial y^2}=2b^2\cos 2(ax+by)$，$\dfrac{\partial^2 z}{\partial x\partial y}=\dfrac{\partial^2 z}{\partial y\partial x}=2ab\cos 2(ax+by)$.

(2) $\dfrac{\partial^2 z}{\partial x^2}=-\dfrac{2x}{(1+x^2)^2},\dfrac{\partial^2 z}{\partial x\partial y}=\dfrac{\partial^2 z}{\partial y\partial x}=0,\dfrac{\partial^2 z}{\partial y^2}=-\dfrac{2y}{(1+y^2)^2}.$

3. (1) $\mathrm{d}z=\left(y+\dfrac{1}{y}\right)\mathrm{d}x+\left(x-\dfrac{x}{y^2}\right)\mathrm{d}y.$ (2) $\mathrm{d}z=\dfrac{y\mathrm{d}x-x\mathrm{d}y}{x^2+y^2}.$

(3) $\mathrm{d}z=\dfrac{4xy(x\mathrm{d}y-y\mathrm{d}x)}{(x^2-y^2)^2}.$ (4) $\mathrm{d}z=\mathrm{e}^x\mathrm{d}x+\dfrac{1}{2}\cos\dfrac{y}{2}\mathrm{d}y.$

(5) $\mathrm{d}z=(1+xy)^{y-1}\{y^2\mathrm{d}x+[(1+xy)\ln(1+xy)+xy]\mathrm{d}y\}.$

(6) $\mathrm{d}z=\dfrac{y}{|y|(x^2+y^2)}(y\mathrm{d}x-x\mathrm{d}y).$

4. $\dfrac{1}{3}(\mathrm{d}x+\mathrm{d}y).$

习题 3—3

1. $\dfrac{\partial z}{\partial x}=\mathrm{e}^{xy}[y\sin(x+y)+\cos(x+y)],\dfrac{\partial z}{\partial y}=\mathrm{e}^{xy}[x\sin(x+y)+\cos(x+y))].$

2. $\dfrac{\partial z}{\partial x}=\dfrac{2x}{y^2}\ln(3x-2y)+\dfrac{3x^2}{(3x-2y)y^2},\dfrac{\partial z}{\partial y}=-\dfrac{2x^2}{y^3}\ln(3x-2y)-\dfrac{2x^2}{(3x-2y)y^2}.$

3. $\dfrac{\mathrm{d}z}{\mathrm{d}x}=\mathrm{e}^{\sin x-2x^3}(\cos x-6x^2).$

4. $\dfrac{\mathrm{d}z}{\mathrm{d}x}=\dfrac{3(1-4x^2)}{\sqrt{1-(3x-4x^3)^2}}.$

5. $\dfrac{\partial z}{\partial x}=\dfrac{yz-\sqrt{xyz}}{\sqrt{xyz}-xy},\dfrac{\partial z}{\partial y}=\dfrac{xz-2\sqrt{xyz}}{\sqrt{xyz}-xy}.$

6. $\dfrac{\partial z}{\partial x}=\dfrac{z}{x+z},\dfrac{\partial z}{\partial y}=\dfrac{z^2}{y(x+z)}.$

习题 3—4

1. (1) $f(2,-2)=8.$ (2) $f\left(\pm\dfrac{1}{2},\mp\dfrac{1}{2}\right)=\dfrac{1}{8}.$ (3) $f\left(\dfrac{1}{2},-1\right)=-\dfrac{\mathrm{e}}{2}.$

2. 最大值 $z(1,0)=1$，最小值 $z|_{x^2+y^2=2x}=0.$

3. 当长、宽都是 2 米，高为 3 米时，水的槽容积最大．

习题 3—5

1. 略．

2. $36\pi\leqslant\iint\limits_{D}(x^2+4y^2+9)\mathrm{d}\sigma\leqslant100\pi.$

习题 3—6

1. (1) -1；(2) $\mathrm{e}-2$；(3) $\dfrac{1}{2}\mathrm{e}^4-\dfrac{3}{2}\mathrm{e}^2+\mathrm{e}$；(4) $\dfrac{1}{4}\mathrm{e}^2+\dfrac{1}{4}.$

2. 作图略．(1) $\dfrac{20}{3}$；(2) $\dfrac{64}{15}$；(3) $\dfrac{9}{4}$；(4) $1-\cos 1$；(5) 8；(6) $\dfrac{1}{4}(\mathrm{e}^2+1)$；(7) $\dfrac{1}{2}\left(1-\dfrac{1}{\mathrm{e}}\right)$；

(8) $\dfrac{8}{3}$；(9) $\dfrac{1}{40}$；(10) $-2.$

3. (1) $\displaystyle\int_0^1\mathrm{d}y\int_{\mathrm{e}^y}^{\mathrm{e}}f(x,y)\mathrm{d}x$；(2) $\displaystyle\int_0^1\mathrm{d}y\int_1^{2-y}f(x,y)\mathrm{d}x.$

习题 3-7

1. $\dfrac{\pi}{4}(2\ln 2-1)$. 2. $\pi(e^4-1)$. 3. $-6\pi^2$.

习题 4-1

1. (1)收敛;(2)收敛;(3)收敛;(4)发散;(5)收敛;(6)收敛.

2. (1)收敛;(2)收敛;(3)收敛;(4)收敛.

3. 略.

习题 4-2

1. $(1)(-3,3);(2)(-2,2);(3)(-1,1);(4)(-4,0);(5)(-e,e);(6)\left(-\dfrac{1}{2},\dfrac{3}{2}\right)$.

2. $(1)(1-x)\ln(1-x)+x;(2)\dfrac{2x}{(1-x^2)^2}$.

3. $(1)f(x)=\displaystyle\sum_{n=0}^{\infty}x^{n+1}(-1<x<1);(2)f(x)=-\sum_{n=1}^{\infty}\dfrac{x^n}{n}(-1<x<1);$

$(3)\sin\dfrac{x}{2}=\dfrac{x}{2}-\dfrac{1}{3!}\left(\dfrac{x}{2}\right)^3+\dfrac{1}{5!}\left(\dfrac{x}{2}\right)^5-\cdots+\dfrac{(-1)^n}{(2n+1)!}\left(\dfrac{x}{2}\right)^{2n+1}+\cdots(-\infty<x<+\infty);$

$(4)\sin^2 x=\dfrac{2}{2!}x^2-\dfrac{2^3}{4!}x^4+\dfrac{2^5}{6!}-\cdots+\dfrac{(-1)^{n-1}2^{2n-1}}{(2n)!}x^{2n}+\cdots(-\infty<x<+\infty);$

$(5)f(x)=\displaystyle\sum_{n=0}^{\infty}[1+(-1)^n2^n]x^n\left(-\dfrac{1}{2}<x<\dfrac{1}{2}\right).$

习题 4-3

1. $(1)f(x)=\dfrac{\pi}{2}-\dfrac{4}{\pi}\cos x-\dfrac{4}{\pi}\dfrac{\cos 3x}{3^2}-\dfrac{4}{\pi}\dfrac{\cos 5x}{5^2}-\cdots-\dfrac{4}{\pi}\dfrac{\cos(2n-1)x}{(2n-1)^2}-\cdots(-\infty<x<+\infty);$

$(2)f(x)=\dfrac{2}{\pi}+\dfrac{4}{\pi}\cdot\dfrac{\cos x}{3}-\dfrac{4}{\pi}\cdot\dfrac{\cos 2x}{15}+\dfrac{4}{\pi}\cdot\dfrac{\cos 3x}{35}-\cdots+\dfrac{4}{\pi}\cdot\dfrac{(-1)^{n-1}}{4n^2-1}+\cdots(-\infty<$

$x<+\infty);$

$(3)f(x)=\dfrac{3}{4}\pi-\dfrac{2}{\pi}\displaystyle\sum_{n=1}^{\infty}\dfrac{\cos(2n-1)x}{(2n-1)^2}-\sum_{n=1}^{\infty}\dfrac{1}{n}\sin nx(-\infty<x<+\infty,x\neq k\pi,k\in\mathbf{Z});$

2. 略. 3. 略.

习题 5-1

1. ```
>>t=[-1:0.1:10];
>>x=3+3*t;
>>y=1+t;
>>z=2+4*t;
>>plot3(x,y,z);
>>title('z=(x-3)/3=(y-1)/1=(z-2)/4')
```

2. ```
>>[x,y]=meshgrid(-1:0.01:1);
>>z=1/3*x+1/2*y+5/6;
>>mesh(x,y,z);
>>title('z=1/3*x+1/2*y+5/6')
```

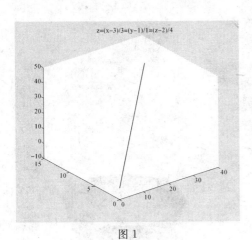

图 1　　　　　　　　　　　　　图 2

3. $>>[x,y]=$meshgrid$(0:0.25:4*pi)$;

　$>>z=\sin(x+\sin(y))-x/10$;

　$>>$mesh(x,y,z);

　$>>$axis$([0\ 4*pi\ 0\ 4*pi-2.5\ 1])$;

　$>>$title$('z=\sin(x+\sin(y))-x/10')$

4. 绘制曲面图形：$z=\sqrt{1-2x^2-y^2}$

　$x=-3:0.1:3$;

　$y=-2:0.1:2$;

　$[x,y]=$meshgrid(x,y);

　$z=$sqrt$(1-2*x.*x-y.*y)$;

　surf(x,y,z)

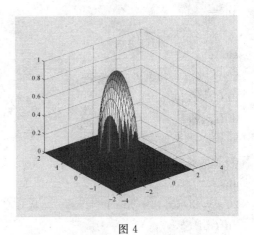

图 3　　　　　　　　　　　　　图 4

5. $>>[x,y]=$meshgrid$(-2:0.01:2)$;

　$>>z=(x.^2+y.^2)^3$;

　$>>$mesh(x,y,z)

　$>>$title$('z=(x.^2+y.^2)^3')$

高等数学

6. ＞＞clear；

＞＞clc

＞＞y＝0：0.001：1；

＞＞x＝y.^0.5；

＞＞[X,Y,Z]＝cylinder(x,20)；

＞＞mesh(X,Y,Z)

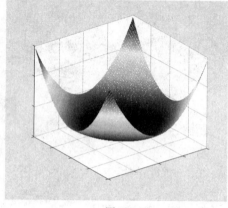

图 5

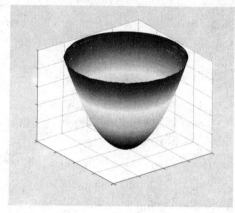

图 6

习题 5－2

1. syms x y；

z＝log(x.^3＋y.^5)；

diff(z,x)

diff(z,y)

ans＝

3 * x.^2/(x.^3＋y.^5)

ans＝

5 * y.^4/(x.^3＋y.^5)

diff(z,x,2)

diff(z,y,2)

ans＝

6 * x/(x.^3＋y.^5)－9 * x.^4/(x.^3＋y.^5)^2

ans＝

20 * y.^3/(x.^3＋y.^5)－25 * y.^8/(x.^3＋y.^5)^2

diff(diff(z,x),y)

ans＝

－15 * x.^2/(x.^3＋y.^5)^2 * y.^4

2. 首先用 diff 命令求 z 关于 x,y 的偏导数

syms x y；

z＝x.^2－2 * x－2 * x * y＋2 * y＋4 * y.^2－y.^3＋1；

diff(z,x)

diff(z,y)

结果为：

ans＝

2＊x－2－2＊y

ans＝

－2＊x＋2＋8＊y－3＊y.^2

即$\frac{\partial z}{\partial x}=2x-2-2y$，$\frac{\partial z}{\partial y}=-2x+2+8y-3y^2$，再求解方程，求得各驻点的坐标. 一般方程组的符号解用 solve 命令，当方程组不存在符号解时，solve 将给出数值解. 求解方程的 MATLAB 代码为：

[x,y]＝solve('2＊x－2－2＊y＝0','－2＊x＋2＋8＊y－3＊y.^2＝0','x','y')

结果为：

x＝

1

3

y＝

0

2

结果有两个驻点，分别是 P(1,0)，Q(3,2). 下面再求判别式中的二阶偏导数：

syms x y;

z＝x.^2－2＊x－2＊x＊y＋2＊y＋4＊y.^2－y.^3＋1;

A＝diff(z,x,2)

B＝diff(diff(z,x),y)

C＝diff(z,y,2)

A＝

2

B＝

－2

C＝

8－6＊y

由判别法可知 P(1,0)是函数的极大值点，Q(3,2)是极小值点.

3. syms x y

int(int(2＊x＊y.^3,y,x.^2,sqrt(x)),0,1)

ans＝

3/40

习题 5－3

1. dsolve('Dy＝1＋y.^2','x')

ans＝

tan(x＋C1)

135

2. y＝dsolve('Dy＋tany/(x－siny)＝0','y(1)＝pi/6','x')

y＝

－tany * log(x－siny)＋log(1－siny) * tany＋1/6 * pi

3. y＝dsolve('D2y＋Dy＝(sinx)^2','x')

y＝

sin(x) * C2＋cos(x) * C1＋(sinx)^2

4. y＝dsolve('D2y＋2 * Dy＋y＝0','y(0)＝1,Dy(0)＝2','x')

y＝

exp(－x)＋3 * exp(－x) * x

习题 5－4

1. (1)syms n

f1＝(2 * n＋1)/3^n

I1＝symsum(f1,n,1,inf)

I1＝

2

(2)syms n

f2＝1/n * (n^2＋1)

I2＝symsum(f2,n,1,inf)

I2＝

Inf

此级数的和为无穷大.

(3)syms n

f3＝(－1)^n * n/(2 * n＋1)

I3＝symsum(f3,n,1,inf)

I3＝

NaN

此级数的和不存在.

2. (1)

syms n x

f＝cos(x)/n^2

I＝symsum(f,n,1,inf)

I＝

1/6 * cos(x) * pi^2

(2)

syms n x

f＝(－1)^n * (x^n)/2 * n;

I＝symsum(f,n,1,inf)

I＝

－1/2 * x/(1＋x)^2

3. syms x

　f＝sin(2 * x);

　taylor(f,10)

　ans＝

　2 * x－4/3 * x.^3＋4/15 * x.^5－8/315 * x.^7＋4/2835 * x.^9

4. syms x

　＞＞f＝log(x);

　＞＞taylor(f,4,x,3)

　ans＝

　log(3)＋1/3 * x－1－1/18 * (x－3)^2＋1/81 * (x－3)^3

5. syms x n

　f＝1－x.^2;

　a0＝int(f,x,－0.5,0.5)/pi

　an＝int(f * cos(n * x),x,－0.5,0.5)/pi

　bn＝int(f * sin(n * x),x,－0.5,0.5)/pi

　a0＝

　11/12/pi

　an＝

　1/2 * (3 * n^2 * sin(1/2 * n)＋8 * sin(1/2 * n)－4 * n * cos(1/2 * n))/n^3/pi

　bn＝

　0

习题 6－1

1. 略.

2. 略.

3. 5 头.

习题 6－2

1. 总计需要 34 根原料,余料头总长为 5.4 米.

2. 略.

习题 6－3

1. 根据人在任何时间段内体重变化所引起的能量变化应等于这段时间内摄入的能量与消耗的能量之差,建立微分方程模型.

2. 参照冷却模型,大约在 21:17 分时被害.

习题 6－4

1. 数学模型为:$f_{max}＝3x_1＋x_2＋5x_3$,

　s. t. $\begin{cases} 6x_1＋3x_2＋5x_3 \leqslant 45, \\ 3x_1＋4x_2＋5x_3 \leqslant 30, \\ x_1, x_2, x_3 \geqslant 0. \end{cases}$

2. 数学模型为:

　$f_{min}＝2x_1＋7x_2＋4x_3＋3x_4＋5x_5$,

$$\text{s. t.} \begin{cases} 0.30x_1+2.00x_2+1.00x_3+0.60x_4+1.80x_5\geqslant70, \\ 0.10x_1+0.05x_2+0.02x_3+0.20x_4+0.05x_5\geqslant3, \\ 0.05x_1+0.10x_2+0.02x_3+0.20x_4+0.08x_5\geqslant0.01, \\ x_j\geqslant10, j=1,2,3,4,5. \end{cases}$$

习题 6—5

1. 建立层次结构模型如图所示．

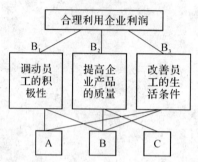

参考层次分析法求解过程求最优方案．

2. 略．

参 考 文 献

1. 姜启源．数学模型．北京：高等教育出版社，2002．

2. 侯风波．高等数学．北京：高等教育出版社，2002．

3. 赵静，但琦．数学模型与数学实验（第二版）．北京：高等教育出版社，2005．

4. 刘锋．数学建模．南京：南京大学出版社，2006．

5. 李佐锋．数学建模．北京：中央广播电视大学出版社，2007．

6. 陈汝栋，于延荣．数学模型与数学建模（第二版）．北京：国防工业出版社，2009．

7. 潘凯．高等数学与实验．合肥：中国科学技术大学出版社，2010．

8. 吕同富．高等数学及应用．北京：高等教育出版社，2010．

9. 马来焕．高等应用数学．北京：北京理工大学出版社，2010．

10. 颜文勇．数学建模．北京：高等教育出版社，2011．

11. 黄焕福，等．高等数学．成都：电子科技大学出版社，2011．